나무의 이해

오용성 지음

영남대학교출판부

나무의 이해

지은이_오용성
펴낸이_노석균
발행일_2013년 10월 21일 2판 1쇄

펴낸곳_영남대학교 출판부
출판등록_1975년 9월 5일 경산제16-1호
주 소_경북 경산시 대동 214-1번지
전 화_053-810-1801~3
팩 스_053-810-4722

이 도서의 국립중앙도서관 출판시도서목록(CIP)은 서지정보유통지원시스템 홈페이지(http://seoji.nl.go.kr)와 국가자료공동목록시스템(http://www.nl.go.kr/kolisnet)에서 이용하실 수 있습니다.
(CIP제어번호: CIP2013020799)」

서 문

인공위성에서 촬영된 아름다운 지구의 모습을 보면서 지구온난화를 생각하기는 쉽지 않을 정도로 지구의 모습은 눈부시도록 아름답습니다. 지구온난화는 자동차 배출가스의 증가 등, 화석연료의 사용 증가에 절대적인 영향을 받고 있습니다. 2005년 허리케인 카트리나가 적도부근의 대서양에서 미국의 플로리다를 횡단해서 남부지방을 강타하여 큰 피해를 입힌 모습을 보면서, 미국 NASA에서 촬영한 북극의 빙하 사진에서 빙하가 점점 사라져 가는 모습을 보면서, 남극의 오존층 파괴가 지속되고 있는 모습을 보면서, 또 세계 곳곳에서 나타나고 있는 홍수 등의 모습을 보면서 지구온난화로 기후가 변화되고 있다는 것을 쉽게 알 수 있습니다.

지구온난화는 온실가스로 인한 온실효과로 잘 알려져 있습니다. 온실가스의 60%정도가 이산화탄소인데, 우리의 생활환경주변에서 흔히 볼 수 있는 나무는 성장하는 과정에서 광합성을 하게 됩니다. 광합성의 과정은 이미 잘 알고 있는 것처럼 나무의 뿌리는 땅으로부터 물을 흡수하고, 잎에서는 온실가스인 이산화탄소를 공기 중에서 흡수하여서 햇빛과 함께 광합성을 하여 그 결과 나무의 몸 밖으로 산소를 발산하고 나무의 몸속에는 포도당을 형성하여 나무의 골격이 되는 셀룰로오스 등 목재를 만들게 됩니다. 이와 같이 나무는 증가 일로에 있는 온실가스를 흡수하여 자기 몸속에 온실가스를 고정시키는 중요한 역할을 하고 있습니다.

따라서 우리가 생활환경에서 이산화탄소가 몸속에 고정된 목재를 많이 사용한다면, 온실가스흡수원의 역할을 하게 되는 것입니다. 우리 생활환경에서 나무의 쓰임새는 종이, 가구, 주택 등에서 다양하게 사용하고 있습니다. 나무의 쓰임새는 과거와 비교해서 많은 기술발달과 함께 변화되고 있습니다. 과거에는 나무를 사용할 때, 원목을 톱으로 제재한 판재를 많이 사용하였습니다. 그러나 유기화학공업의 발달과 함께 목재가공기술 또한 급성장하여 원목으로부터 얻어진 판재보다는 접착제로 재구성된 합판, 파티클보드, MDF 등이 많이 사용되고 있으며, 나무의 직경이 큰 원목을 사용하던 모습에서 직경이 작은 소경재를 사용하고 있습니다. 이런 것들이 기술의 발달과 함께 가능한 것이고, 지속 가능한 재생산자원을 사용하고 있는 것을 고려한다면 지구온난화 감소에 크게 기여하고 있습니다.

나무의 이용에 대해 강의 하면서 지식을 탐구하는 학생 여러 분들의 이해를 돕기 위해서 또 나무에 대해 관심을 가지고 있는 많은 독자들을 위해서 이렇게 변화되는 지식들을 알리고자 본서를 출간하게 되었습니다. 본서는 일반적인 전공서적의 특징인 이론 중심의 내용보다는 누구나 쉽게 이해 할 수 있도록, 경향과 추세 등 개념을 설명하는 교양 수준으로 구성한 것이 특징입니다. 본서가 출간되어 일반 독자들은 물론이고, 이런 분야를 연구하려는 많은 분들에게 조금이나마 도움에 일조하고, 뒷받침이 된다면 더 이상의 즐거움은 없을 것입니다.

마지막으로 본서를 출판함에 있어 물심양면으로 도와주신 영남대학교 출판부의 관계 제위와 본서를 편집하는데 있어서 처음부터 모든 노력을 기울인 영남대학교 자연자원대학 김진혁군, 윤준상군, 장형기군, 이남식군 및 권진영양에게도 감사의 말을 전합니다.

2013년 9월 1일

대모산에서 저자 씀

차 례

01 지구온난화와 산림

02 목재의 이해

나무의 이해

01

지구온난화와 산림

1. 지구온난화

1.1 지구온난화

지구온난화는 기원전부터 자연계에 존재했던 현상이지만, 영국에서 시작된 산업혁명과 함께 급격히 증대되었고, 그 후 전 세계적으로 제철산업, 유기화학공업 등 여러 산업의 발달이 가속화됨에 따라서 공장 및 자동차 등의 가동을 위해서 석탄 및 원유 등의 화석연료 사용량 증가와 주택과 가구산업에 사용되는 목재자원을 얻기 위한 무분별한 산림자원의 벌목 및 개발을 위한 산림환경자원의 파괴 특히, 열대림벌채 등의 원인으로 인해 지구온난화의 속도는 매우 빨라지고 있다.

지구온난화로 인해 지구의 기온이 상승하면, 바닷물이 따뜻해져 팽창하고 남극과 북극의 빙하와 고산지대의 만년설이 녹아 해수면이 높아지기 때문에 적도부근의 낮은 섬들은 해수면 밑으로 잠기어 그곳에 살고 있는 주민들은 조상이 물려준 소중한 땅을 다시는 밟을 수 없게 되고, 다른 나라로 이민을 가야하는 서러움에 처하게 된다. 또 해수면의 상승으로 육상 및 해양 생태계가 파괴되고, 이상기온 등의 영향으로 인해서 농작물의 수확량이 감소하는 등 전 세계적으로 광범위한 피해가 나타나고 있다. 빙하와 만년설이 녹을수록 지구 표면은 더 많이 노출되고, 태양 에너지를 더 많이 흡수하게 되어 지구온난화가 촉진되는 악순환이 지속되는 것이다.

지구의 온난화 현상을 방지하기 위해서는 여러 산업분야에서 다양한 노력이 필요하지만, 일차적으로 대체 에너지자원의 개발과 산업 및 자동차에 사용하는 화석연료로 인해 발생되는 이산화탄소를 고정시키는 기술개발이 이루어져야 한다. 따라서 향후 하나뿐인 지구보존을 위해 국제사회의 노력과 협력이 절실히 요구된다.

1.2 온실가스

지구온난화에 영향을 주는 온실가스(greenhouse gas)에는 이산화탄소(CO_2), 메탄(CH_4), 아산화질소(N_2O), 프레온(염화불화탄소), 수소불화탄소(HFCs), 등이 있다. 대기 중으로 배출되는 온실가스가 과도하게 증가하면, 지구온난화를 일으켜 기후변화에 악영향을 준다. 수증기와 오존도 이에 속하지만, 수증기의 양은 기후변화체계 안에서 결정되기 때문에, 인위적 요인으로 인해 받는 영향은 적다. 오존은 태양의 자외선을 차단해 주는 중요한 역할을 하지만, 온실효과(greenhouse effect)에 대한 영향은 다른 기체에 비교해서 상대적으로 적다.

1980년부터 1990년까지 10년 동안 온실효과에 가장 큰 영향을 준 것이 이산화탄소(56%)이며, 그 다음은 프레온(24%), 메탄(11%), 아산화질소(6%)의 순으로 나타났다. 이 중에서 이산화탄소는 화석연료 사용의 증가로 그 배출량이 더욱 증가하고 있는데, 대기 중에 체류하는 기간이 50~200년 정도로 매우 길어 지구의 대기 전체에 폭넓게 확산되고 있다. 메탄 · 아산화질소 · 프레온은 이산화탄소에 비하여 상대적으로 아주 적은 양이지만, 대부분 증가율이 높고, 적외선 흡수력도 이산화탄소보다 커서 지구온난화에 미치는 영향이 더 커질 우려가 있다. 이 중 메탄과 아산화질소는 많은 양이 자연계에서 방출되기 때문에 배출을 억제하기가 어렵지만, 이산화탄소 · 염화불화탄소 등은 산업에서 배출되는 가스와 밀접한 관련이 있다. 특히, 염화불화탄소는 오존층을 파괴하는 물질로 잘 알려져 있다.

2002년에 전 세계적으로 이산화탄소 배출량이 가장 많은 국가는 역시 미국으로 전체의 23.5%를 차지하였고, 중국이 13.6%와 러시아가 6.2%의 순으로 나타났다. 한국은 OECD 선진국의 수치와 비교하여 높은 수준인 1.9%였다. 온실가스의 국내 총배출량은 1990년 8,300만 탄소톤에서 2000년 1억 3,490만 탄소 톤으로 증가하였다. 철강 · 자동차 · 석유화학 등 에너지를 많이 소비하는 산업구조가 친환경적으로 변화하지 않고 또 획기적인 온실가스 감축노력이 시행되지 않는다면, 국내의 온실가스 배출량 증가세는 지속될 것으로 보인다.

1.3 온실가스농도 증가의 원인

대기는 태양에서 복사되는 단파장을 통과시켜 지표면까지 도달시키지만, 지표면에서 방출되는 복사는 파장이 길기 때문에 대기 중의 수증기 · 이산화탄소 · 오존 등에 대부분 흡수되거나, 다시 열에 의해 지표면으로 방출된다. 그 결과 지표면과 하층대기는 온도상승의 원인이 된다. 이와 같은 온실효과가 없다면 지상의 온도는 현재보다 낮아져서 -20℃ 정도까지 떨어질 것으로 예상된다. 최근에 화석연료의 연소, 화전농업, 삼림의 벌채 등으로 인해서 지구의 온실효과가 증대되고 있다. 또한 쓰레기 매립장에서 발생되는 메탄, 프레온 등과 같은 여러 가지 가스농도가 증가하면, 더욱 심해질 것이다. 이러한 지구의 온도상승은 극빙하와 산악빙하를 급속도로 용융시켜 새로운 형태의 강수와 가뭄이 초래될 것으로 예견된다.

1.4 지구온난화와 해수면 상승

2000년 7월 미국항공우주국(NASA)은 지구온난화로 그린란드 등의 빙하가 녹아내려 지난 100년 동안 해수면이 약 23㎝ 상승하였다고 발표하였다. NASA 연구팀의 첨단 레이저 기술을 이용해 조사한 결과, 그린란드 빙원이 녹아 1년에 500억t 이상의 물이 바다로 흘러 해수면이 0.13㎜씩 상승하고 있으며, 이에 따라 그린란드의 빙하 두께는 매년 2m씩 얇아지고 있다고 보고했다. 그림 1-1은 1979년과 2005년의 북극빙하의 변화된 모습을 보여준다. 지구온난화로 인해 530여만 ㎢가 줄어든 북극빙하의 모습을 확인할 수 있고, 이런 사진은 우리들에게 많은 것을 시사해 준다.

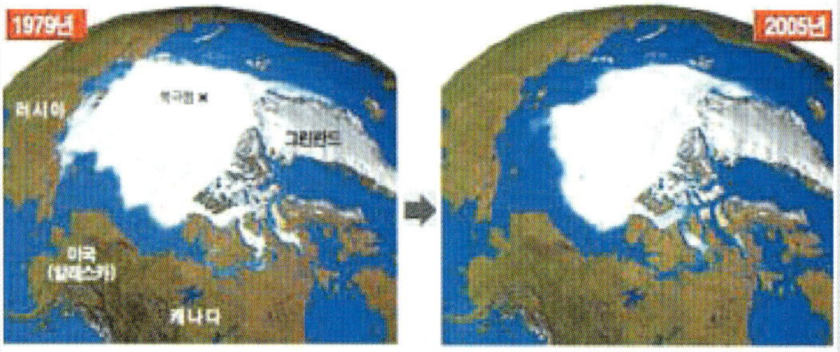

그림 1-1 | 1979년과 2005년의 북극빙하의 변화 (NASA 제공)

1.5 지구온난화에 대한 국제사회의 노력

지구온난화는 1972년 공식적으로 지적된 이후, 1979년 2월 세계기상기구(WMO)가 주관하여 스위스 제네바에서 제1차 세계기후회의가 열렸다. 1985년 세계기상기구와 국제연합환경계획(UNEP)이 이산화탄소가 온난화의 주범임을 공식 선언하였다. 1988년에는 기후변화에 관한 정부간 패널이 구성되어 기후 변화에 관한 조사연구를 수행하며, 대응전략을 제시하였다. 그 결과 1992년 5월 기후변화협약이 체결되었다.

세계적으로 화석연료 등의 에너지소비증가에 따른 지구환경문제의 심각성을 고려해서 1992년 브라질의 리우데자네이루

환경회의를 시작으로 1994년 기후변화협약이 발효되었다. 이산화탄소 배출량규제라는 과제는 세계 모든 나라가 동의하고 있고, 실천방안에 대해서는 좀처럼 해결방안을 내지 못하고 있었다. 1995년 베를린기후회의에서도 사실상 CO_2가스의 배출량규제를 위한 실질적인 결론에 도달하지 못했다. 그 후 1998년 교토의정서가 채택되었지만, 미국 등 세계적인 경제 불황 등으로 인해 시행이 지연되어 왔고, 2002년 남아프리카공화국 요하네스버그에서 환경회의를 통해 교토의정서의 시행을 확인하였고, 마침내 2005년 2월 16일 교토의정서가 시행되었다.

2005년 11월 28일 캐나다 몬트리올에서 유엔기후변화협약 제11차 당사국 총회가 열렸다. 회의에는 한국 등 세계 180개국 대표단과 관계전문가 등 1만여 명이 참석해 12일간 계속됐다. 회의의 취지는 지구환경재앙을 막기 위한 방안으로 온실가스 배출을 줄여 지구온난화를 막자는 국제협력이다. 회의는 지구온난화와 관련된 두 가지 회의를 겸한다. 하나는 전 세계 189개국이 가입한 유엔기후변화협약이며, 다른 하나는 2005년 2월 156개국이 비준해 발효된 교토의정서다. 교토의정서는 선진국들의 경우 2008~2012년에 온실가스 배출량을 1990년보다 5.2% 줄이도록 규정하고 있다. 미국은 7%, 유럽연합은 8% 등 국가별로 감축 목표량을 의무화하였다. 2006년 현재 개발도상국은 당장 감축의무가 없다. 그러나 선진국들은 2013년 이후 한국 등 선발 개발도상국들도 온실가스 의무 감축에 동참해야 한다는 입장이다.

그림 1-2 | 국가별 이산화탄소 배출량

그림 1-3 | 국가별 이산화탄소 증가율

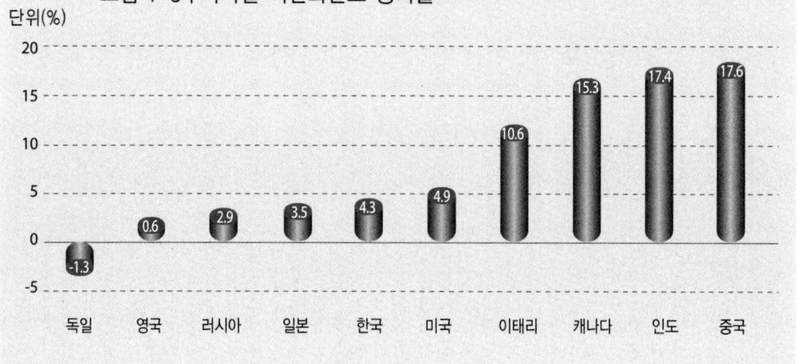

1.6 배출권 거래제

배출권 거래제(ET, Emission Trading System)는 국가 간에 온실가스 배출권리를 서로 사고 팔 수 있도록 한 온실가스 감축의 보조 수단의 하나이다. 유럽연합(EU) 회원국들이 가장 활발하게 거래하고 있는데, 2006년을 기준으로 이산화탄소 1톤당 10유로 정도에서 거래되고 있다. 이 밖에도 보조수단으로 공동이행(JI,

Joint Implementation)과 청정개발체제(CDM, Clean Development Mechanism)가 있다. JI는 한 선진국이 다른 선진국에 투자해 얻은 온실가스 감축분의 일정비율을 자국의 온실가스 감축 실적으로 인정하는 제도이다. CDM은 선진국이 감축의무가 설정되어 있지 않은 개도국에 투자하여 얻은 온실가스 감축분을 자국의 감축실적에 반영하는 제도인데, 이때 선진국이 납부하는 일정비율의 수수료는 개도국의 기후변화방지를 위한 기금으로 활용하도록 하고 있다.

1.7 열대림보존

열대림은 지구에서 볼 수 있는 자연의 축제, 영광으로 열대림에 존재하는 생명은 실로 믿기 어려울 정도로 다양하다. 예를 들면, 말레이시아 반도에는 북아메리카 전역에서 볼 수 있는 것보다 많은 종류의 나무와 풀이 서식하고 있다. 페루에 있는 한 그루의 나무 근처에는 영국에 있는 개미의 종류와 유사한 개미 종류가 살고 있다. 이렇게 열대림은 다른 지역보다도 생생하고 다양한 문화를 갖고 있다. 그러나 열대림의 파괴로 인한 감소율은 1980년대에 비해 더욱 빠르게 증가되고 있다. 앞으로 몇 십년내로 우리는 열대림 전체가 없어질지도 모르는 상황이 올수도 있다.

열대림이 없어지면, 살고 있던 생물들도 없어지게 되고 이렇게 없어진 동·식물들은 짧은 기간 동안에 쉽게 복원될 수 없다. 그렇다면 열대림이 우리에게 주는 중요한 혜택이 구체적으로 어떤 것들이 있는지 알아보면, 첫째는 기후의 안정성을 유지시키는 것이다. 열대림의 파괴는 기후변화에 큰 문제로 나타난다. 뜨거운 적도 주변의 열대림이 나무가 없는 지역으로 변한다고 고려해보면, 지구표면의 반사율이 높아질 것이다. 결국 뜨거워진 대류로 인해 바람의 변화와 강우의 기간 등 기후에 다양하게 영향을 주게 될 것이다. 둘째로 대기 중의 이산화탄소가 증가하여 기후변화가 가속화된다. 이산화탄소의 배출은 지구온난화의 영향에 절대적인 것으로서 지구기후와 생태계에 커다란 변화를 일으킨다. 매년 대기 중의 이산화탄소는 40억 톤씩 증가하고 있는데, 이 중에서 약 30%는 가속화되는 열대림의 파괴로 인한 것으로 추정한다. 따라서 열대림의 중요성을 또 다시 느낄 수 있는 것이다. 셋째로 열대림자원의 이용이다. 우리가 약국에서 사는 약의 1/4이상이 열대림으로부터 얻은 것이다. 이 중에는 많은 항생물질, 진통제, 이뇨제, 설사약, 진정제 및 기침약 등 그 외에도 다양하다. 그리고 피임약, 백혈병, 암 치료제 등이 열대림의 식물로부터 얻어진다. 미국암협회에 의하면 열대림에는 각종 암 치료에 효과적으로 이용될 수 있는 식물이 적어도 10종류 이상이라고 보고하고 있다. 에이즈 치료제로 기대되는 열대식물도 있으니 우리에게 많은 혜택을 주고 있고 더욱 많은 제품이 생산될 것으로 기대된다. 그러므로 다양한 혜택을 주고 있는 열대림을 지속 가능하게 이용하기 위한 열대림 보호에 국제사회가 앞서 나가야 한다.

그림 1-4 | 열대림(맹그로브나무)

2. 산림자원

2.1 나무의 역할

그림1-5는 우리 생활주변에서 나무가 햇빛과 대기 중의 이산화탄소를 흡수하는 모습을 보여준다. 나무가 탄소동화작용

을 하면서 생장할 때, 뿌리는 땅속의 물을 흡수하고 잎은 대기 중의 이산화탄소를 흡수하여 자기 몸에 고정시키기 위해 포도당을 생성하여 목재의 주성분인 셀룰로오스를 형성하여 나무의 주된 골격이 된다. 이처럼 대기 중의 이산화탄소를 흡수하여 나무에 저장하는 온실가스흡수원의 역할을 한다. 반면에 나무를 벌채해서 나무를 태우거나 또는 그대로 방치하면 나무는 곤충과 미생물에 의해 셀룰로오스가 분해되어 썩게 되어 나무에 저장되어 있던 탄소골격이 이산화탄소로 분해되어 대기 중에 방출됨으로써 지구온난화에 영향을 주는 온실가스배출원이 된다. 그러나 벌채한 나무를 목재로 가공하여 생활주변에서 사용하면 나무가 폐기될 때까지 이산화탄소를 배출을 하지 않고, 탄소를 나무 몸속에 저장하는 탄소저장고의 역할을 한다. 한편, 나무는 산지에서 벌채하여 가구 및 생활주변에서 이용할 수 있는 목재로 가공하는 과정에서 철이나 알루미늄 등과 같은 다른 재료와 비교해서 훨씬 적은 에너지가 필요하므로 이들 재료에 비해 온실가스배출이 약 $\frac{1}{200} \sim \frac{1}{1500}$에 지나지 않는 환경친화적인 재료이다. 그리고 일정한 산지에서 매년 지속적으로 생산되는 나무를 연료로 사용한다면, 연소과정에서 배출되는 이산화탄소를 나무가 생장하는 과정에서 광합성을 통해 다시 흡수함으로써 대기 중에 온실가스를 증가시키지 않고, 이산화탄소를 순환시킴으로써 에너지를 얻을 수 있는 지속 가능한 친환경바이오에너지로 사용할 수 있다.

그림 1-5 | 광합성

2.2 국내의 삼림자원

한국전쟁인 6.25이후에 황폐해진 국토를 녹화하기 위해서 국민 모두의 지속적인 관심으로 산림을 울창하게 가꾸어 왔습니다. 그 결과 1970년대부터 약 30년 동안 슬픈 파괴의 역사를 지닌 우리 금수강산에 약 100억 그루의 나무가 심어졌고, 산불 방지 등으로 그림 1-6과 같은 민둥산은 이미 오래전에 찾아 볼 수 없게 되었고, 모든 국토는 아름답고 푸른 산림의 모습으로 변모하였다. 이렇게 50년이란 짧은 기간 동안 성공적으로 잘 가꾼 산림은 부주의로 인한 산불이나, 지방자치를 활성화하기 위해 건설, 토목 등으로 인한 무분별한 벌채, 신도시 개발을 위한 산림벌채 등으로 쉽게 피해를 입을 수 있다. 성공적인 국토녹화사업으로 과거의 숲과 비교해서 기적을 이룬 사실은 국제기구나 세계의 유수 언론이 우리에게 찬사를 보내고 있으며, 자연환경자원인 숲이 파괴된 제3세계의 여러 나라에서 대한민국의 국토녹화 경험을 배우기 위해 전문가를 보내고 있는 실정이다. 이런 사실만으로도 우리는 세계문화사에 큰 업적을 남긴 민족이라는 자부심을 갖기에 충분하다. 따라서 짧은 기간 동안 잘 가꾼 산림을 보호하기 위해 산불 등과 같은 산림의 피해 상황을 감시하는 환경시민단체가 있지만, 아름다운 숲을 후손에게 물려주기 위해서는 국민 모두의 관심이 절실히 요구된다.

그림 1-6 | 1930년대 경기도 여주지역의 산림황폐지(산림청제공)

그림 1-7은 나무 심고 있는 아름다운 모습입니다.

여러 분은 어떤 나무를 심기를 원하십니까?

사랑하는 사람과 결혼기념으로 또 사랑하는 가족과 함께 생일기념으로

나무를 심으면 좋지 않을까요?

어디에 무슨 나무를 심는 것이 좋을까요?

그 나무가 자라는 모습을 보면서

우리 가정의 미래를 계획하고,

행복하게 생활하는 모습을 꿈꾸면 어떨까요?

이제 심은 나무도 보고 우리의 미래도 그 나무처럼 자랐으면 좋겠네요.

그런데 어떤 나무를 심어야할지 잘 모르겠습니다.

의미도 있고 굳세게 잘 자라는 나무를 심고 싶습니다

그림 1-7
나무 심는 아름다운 모습

2.3 숲의 효과

1970년 우리나라 산림의 평균 임목축적은 11m^3/ha 있었는데, 2000년 56m^3/ha 이상으로 증가하였으며, 2030년에는 131m^3/ha에 이를 것으로 추정된다. 그러나 정상적인 산림경영을 위해서는 평균임목축적이 80~100m^3/ha에 도달해야하기 때문에, 아직 우리나라의 산림은 벌채하여 이용할 숲이 적고, 반면에 많은 인력과 장비를 이용해서 집약적으로 가꾸어야 되는 숲이 대부분이다.

인위적으로 나무를 심은 지역에 풀베기, 어린나무 가꾸기, 솎아베기 등의 숲가꾸기 작업을 소홀히 하면, 숲은 나무들이 제대로 자랄 수 없고, 경제적 가치 또한 상실하게 된다. 결국 가지치기와 솎아베기를 하지 않으면 고부가가치의 목재를 생산할 수 없다.

주거생활환경에 필요한 종이, 가구, 합판 등의 목재를 얻기 위해 우리는 매년 국외로부터 국내 목재소비량의 94%를 수입

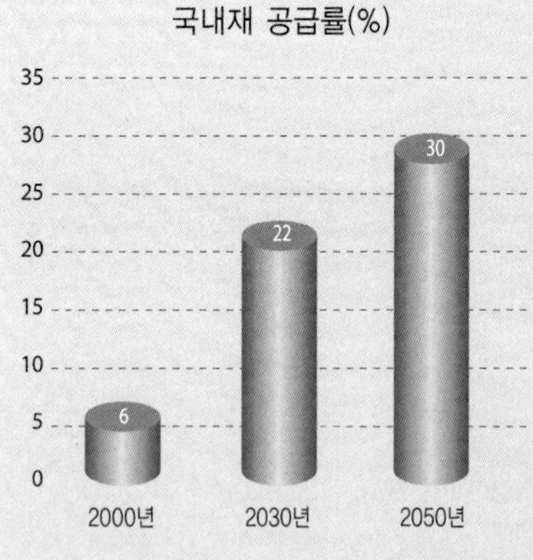

그림 1-8 | 국내 목재 수요의 국내재 공급량

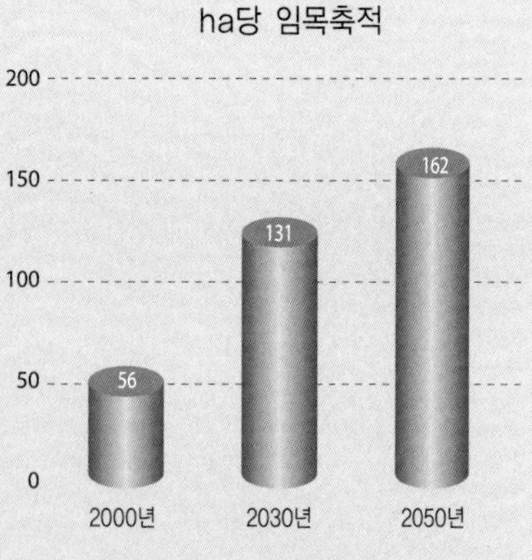

그림 1-9 | 임목축적

하고 있다. 따라서 목재자급률이 6%에 불과하다는 현실은 대한민국이 OECD가입국이고, 경제규모 또한 세계적으로 10위권인 것과 비교해 볼 때, 매우 초라한 모습이다. 따라서 우리나라의 산림자원을 잘 가꿔서 목재 등 임산물의 생산 가능성을 높여 매년 약 1400만m^3의 목재를 지속적으로 생산할 수 있게 되는 2050년경에는 연간 30억 달러의 외화를 절약할 수 있을 것으로 예상하고 있다.

2.4 해외조림

1980년대부터 해외조림이 시작됐는데, 2004년을 기준으로 세계 8개국에 106천ha에 조림을 하였고, 이 면적은 제주도의 산림면적 92천ha보다 큰 면적이다. 표 1-1은 업체별로 세계 각국에 해외조림을 실시한 것이다. 이렇게 세계 여러 나라의 넓은 지역에 많은 나무를 심었는데, 국내에서 해외 조림한 목재를 도입하여 사용할 수도 있지만, 해외 현지에서 목재로 가공하여 직·간접적으로 판매도 가능하며, 그 외에도 해외 조림한 나무가 이산화탄소 흡수의 역할을 하기 때문에, 이산화탄소 배출권 확보 등 국내산업의 발전에도 크게 기여한다.

최근, 국내기업들이 해외에 나무를 조림하는 경우가 많아지고 있는데, 이것은 해외에 나무를 심고 성장한 나무로부터 목재를 생산하겠다는 의미보다는 나무가 성장하면서 이산화탄소를 흡수하는 효과로 인해 국내기업들은 탄소배출권확보를 하기 위한 것이다. 결국 지구온난화가 지속되는 상황에서 효과적인 투자인 것이다.

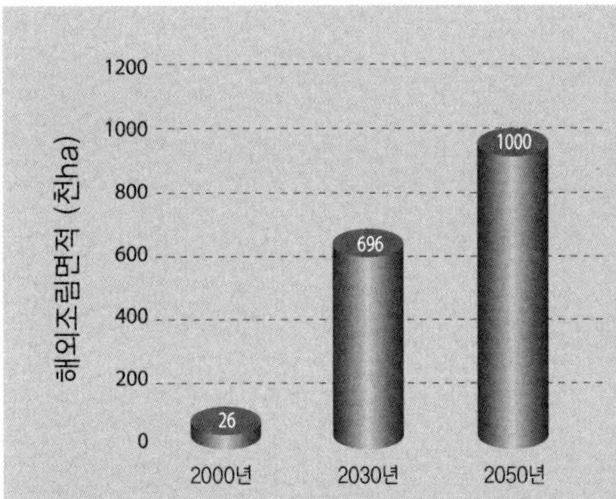

그림 1-10 | 해외조림현황

표 1-1 | 우리나라의 해외조림 현황 (단위 :ha)

연 도	계	한 솔 홈테코 이건산업 세 양 코스모 남방개발 코린도 동해펄프 성 원							
		호 주	뉴질랜드	솔로몬	베트남	인 니	인 니	중 국	파라과이
93	8,833					*8,325			
94	2,373					650	225		
95	2,905				1,124	311	203		
96	6,969					4,451	14		
97	9,501					1,286	1,149	500	
98	8,723				1,570		1,343		
99	8,851					662	2,868		
00	11,900			775			5,196		
01	11,966			183			6,413		200
02	12,923			170			6,024		1,200
03	12,910			495			8,099		1,200
04	9,172			395			7,347		
합 계	107,026	16,267	8,871	9,746	12,226	13,785	38,881	4,650	2,600

※*는 83~93년까지 누계
2004년 말 현재 8개국에 106천ha 조림완료 (제주도 산림면적 (92천ha)보다 큰 면적임)

2.5 21세기 국내 산림자원환경

국내외 경제, 사회적 환경이 급변하고 있다. 하나뿐인 지구를 잘 보존하고 지속가능한 산림을 유지시키는 것은 모든 국가가 당연히 지켜야 하는 생존의 문제가 됐다. 국제적으로 열대림 등의 산림에 대한 규제가 강화되어 목재를 수입해야 되는 상황에서 목재의 장기적인 생산 기반 확충이 필요하다. 국민소득 2만 불 시대와 주 5일제 근무로 인한 여가시간 활용을 위해 도시녹지와 산림휴양 등의 공익적인 기능이 크게 부각되고 있다. 21세기 중반이 되면 정상적인 산림경영이 가능한 산림의 구조로 변화될 것이고, 이에 대한 계획이 필요하다.

20세기가 개발과 보존이 대립하는 시대였다면, 21세기는 인류와 지구생태계의 지속가능성을 위해 조화로운 시대로 나가야 할 것이다. 결국, 21세기는 지구를 보존하고 인류사회 모두가 물질적, 정신적 풍요를 누리기 위해 많은 노력이 필요하다.

표 1-2 | 세계 임산물 종류의 생산 및 소비량 예측 (유엔식량농업기구, 1999)

제 품	생산/소비		전체성장률	일년성장률
	1996	2010	1996-2010 (%)	1996-2010 (%)
산업용 원목 ($\times10^6m^3$)	1490	1872	26	1.7
제재목 ($\times10^6m^3$)	430	501	17	1.1
목재패널제품 ($\times10^6m^3$)	149	180	20	1.3
펄프 ($\times10^6m^3$)	179	208	16	1.1
종이 및 골판지 ($\times10^6m^3$)	284	394	39	2.4

자 유 토 론

1. 지구온난화란?
2. 지구온난화의 주된 온실가스는 무엇입니까?
3. 지구온실가스농도 증가의 원인에 대해 토론해 봅시다.
4. 지구온난화에 대한 국제사회의 노력에 대해 알아봅시다.
5. 열대림은 우리에게 어떤 혜택을 주는지 조사해 봅시다.
6. 여러분은 나무를 한 그루 심는다면 어떤 종류의 나무를 심겠습니까? 또 그 이유는 무엇입니까?
7. 지구온난화와 나무의 역할에 대해 조사해 봅시다.
8. 국내산림녹화에서 얻어진 국제적인 효과를 조사해 봅시다.
9. 해외조림으로 얻어지는 효과에 대해 알아봅시다.

| 참고문헌 |

1. Dahlem, K. and Pearman, G. I. 1992. Limiting Greenhouse Effects: Controlling carbon dioxide emissions.John Wiley & Son. 648pp.
2. Edmonds, A. 2004. Greenhouse Effect. Stargazer Books.
3. Edmonds, A. 2004. Ozone Hole. Stargazer Books.
4. FPS. 1992. Wood product demand and the environment. Forest Products Society. 288pp.
5. Maslin, M. 2004. Global Warming. Oxford University Press. 180pp.
6. Nilsson, A. 1992. Greenhouse Earth. John Wiley & Son. 236pp.
7. Perlin, J. 1991. A Forest Journey. Harvard University Press. 445pp.
8. Paepe, R., Fairbridge, R. W. and Jelgersma, S. 2002. Greenhouse Effect, See Level and Drought. Kluwer Academic Publishers. 744pp.
9. See. M. 2001. Greenhouse Gas Emissions: Global Business Aspects. Springer-Verlag New York. 300pp.
10. Wilson, D. A. 1989. Greenhouse Effect. Lorien House. 64pp.

02

나무의 이해

목재의 이해

1. 목재의 구조

1.1 침엽수와 활엽수

침엽수는 잎이 바늘과 같이 길며, 상록이고 송진 등을 함유하고 있어 목재가공산업에서 쉽게 이용하기에 한계가 있다. 반면에 활엽수의 경우에는 가을에 낮은 대기 온도에 의해 잎에 함유된 엽록소가 여러 색으로 변색됨으로써 아름다운 색으로 변하여 시각적으로 좋은 느낌을 주고 낙엽이 진다. 그림 2-1은 침엽수와 활엽수를 구분할 수 있게 잘 묘사되고 있다.

소나무는 대표적인 침엽수인데, 전술한바와 같이 송진 등을 함유하고 있어 종이의 원료인 펄프를 생산하는데 한계가 있고, 또 나무 무늬결의 단순함 때문에 고급스런 가구 등을 제조하는데 적합하지 않다. 그러나 소나무는 송진 등을 함유하고 있어 천연의 방부방충 효과가 있기 때문에 전통적으로 집을 건축하는 구조용재로 많이 사용되어 왔다. 활엽수는 펄프 생산은 물론이고 나무 고유의 다양하고, 아름다운 무늬결 등으로 인해 장식용의 고급스런 가구 등에 다양하게 사용된다.

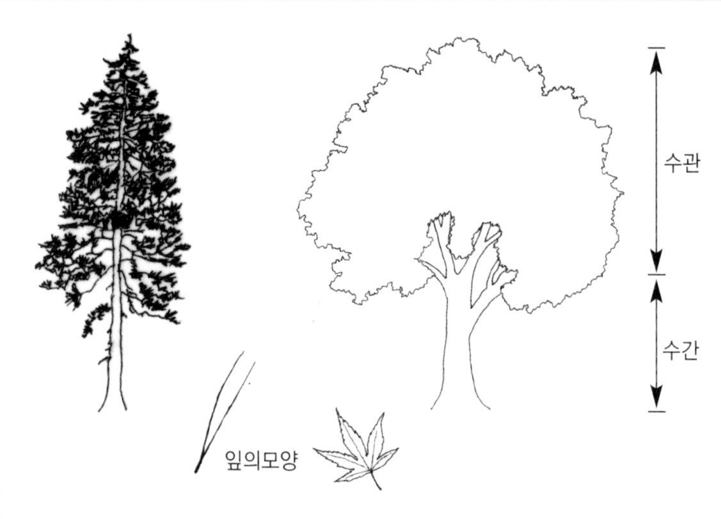

그림 2-1 | 침엽수와 활엽수의 육안적 모습

1.2 목재의 3단면

목재의 3단면에는 횡단면, 방사단면, 접선단면이 있다. 목재는 3단면 방향에 따라서 물리적인 성질에 많은 차이를 보여주기 때문에 이방성 재료로 불린다.

연륜은 나이테인데 1년 동안 성장한 세포로 구성되고, 주로 봄과 여름에 왕성하게 크게 성장하여 세포의 크기가 큰 세포들로 이뤄진 부분을 춘재라고 하고, 주로 가을에 성장하여 세포가 두껍고 작은 것들로 이뤄진 부분인 추재로 구성된다.

변재와 심재는 횡단면에서 쉽게 구분할 수 있는데, 변재는 제일 바깥쪽에 위치한 수피에서 안쪽의 목재부분 중에서 밝은 색으로 나타나는 목재부분으로 살아 있는 세포로 구성되어 나무의 생장에 기여하고 있다. 심재는 살아 있던 세포인 변재부분이 시간이 경과함에 따라 세포가 죽으면서 세포내로 추출물 등이 침적되면서 색이 변화되어 짙은 색으로 변화되고, 심재로 변하게 된다. 일반적으로 살아있는 나무에서 변재는 20%이고,

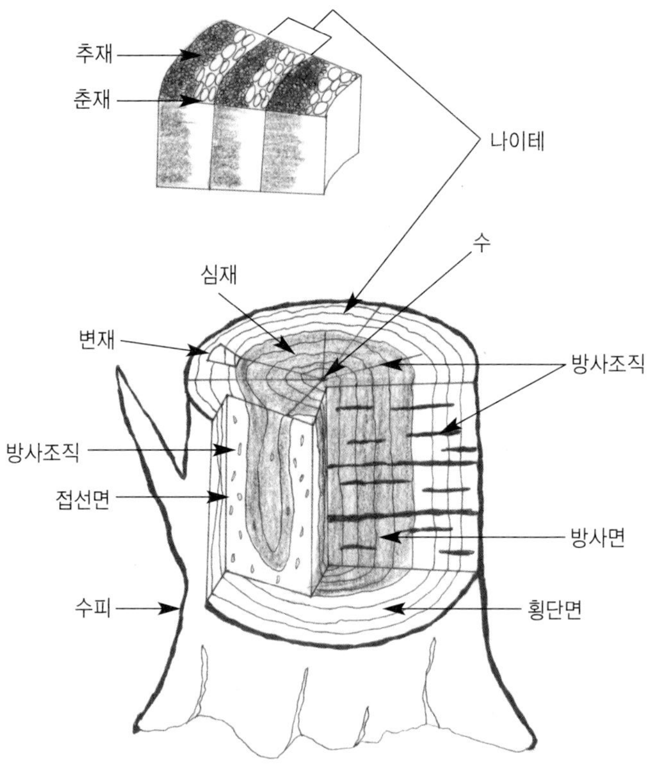

그림 2-2 | 나무의 모식도

심재는 80%정도로 구성되고, 살아 있는 세포인 변재가 시간이 지남에 따라서 죽은 세포로 변화된 심재는 나무를 지탱하는 기계적인 역할을 한다.

수관과 수간은 그림 2-1에서 보는 것과 같이 나무의 가지와 잎으로 구성된 부분을 수관이라고 하고, 줄기의 나무부분을 수간이라고 한다. 가구나 펄프 등에 사용되는 부분은 나무의 줄기인 수간을 사용하게 되는 것이다

그림 2-3
변재와 심재 (대추나무)

그림 2-4 | 나무 무늬결 (좌 : 밤나무, 우 : 자작나무)

1.3 구조적인 차이점

침엽수와 활엽수의 구조적인 차이점은 침엽수의 경우 가도관이 90%정도로 단순하다는 것이고, 반면에 활엽수의 경우에는 미세적인 모습에서 도관이 존재하기 때문에 다양한 아름다움을 나타낸다. 활엽수의 도관은 수종에 따라서 배열 등에 차이가 있어서 다양하게 이용될 수 있다.

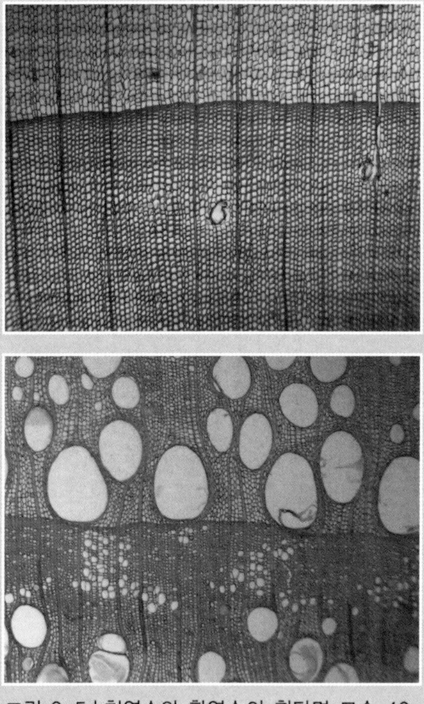

그림 2-5 | 침엽수와 활엽수의 횡단면 모습 40x

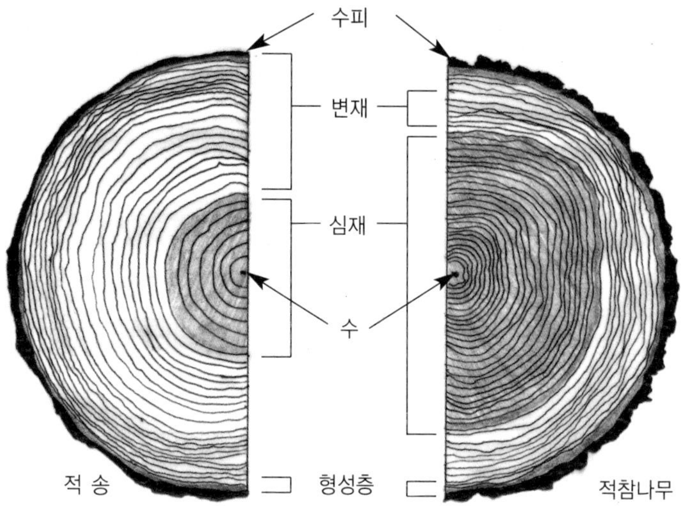

그림 2-6 | 소나무와 참나무의 횡단면 비교

2. 목재의 성분

목재는 주성분과 부성분으로 구성되는데, 주성분에는 셀룰로오스, 헤미셀룰로오스, 리그닌이 있고, 부성분에는 추출물, 정유, 색소, 무기물로 구성된다. 나무가 광합성에 의해 생성된 포도당은 셀룰로오스를 이루게 되고, 추출물은 대부분이 탄닌 성분으로 구성된다. 건축물의 기둥을 만들기 위해, 우선 굵은 철사가 필요하고, 가는 철사로 굵은 철사의 간격을 유지하고, 이렇게 유지된 기둥 틀에 콘크리트를 넣고 굳게 만든다. 따라서 굳어진 건축물의 기둥을 목재와 비유해보면, 굵은 철사는 셀룰로오스에 해당하고, 가는 철사는 헤미셀룰로오스, 그리고 콘크리트는 리그닌에 해당한다. 대표적인 침엽수와 활엽수의 구성성분이 표 2-1에 잘 나타나 있다.

표 2-1 | 목재의 구성 성분

종 류	셀룰로오스	헤미셀룰로오스	리그닌
활엽수	40 ~ 44	15 ~ 35	18 ~ 25
침엽수	40 ~ 44	20 ~ 32	25 ~ 35

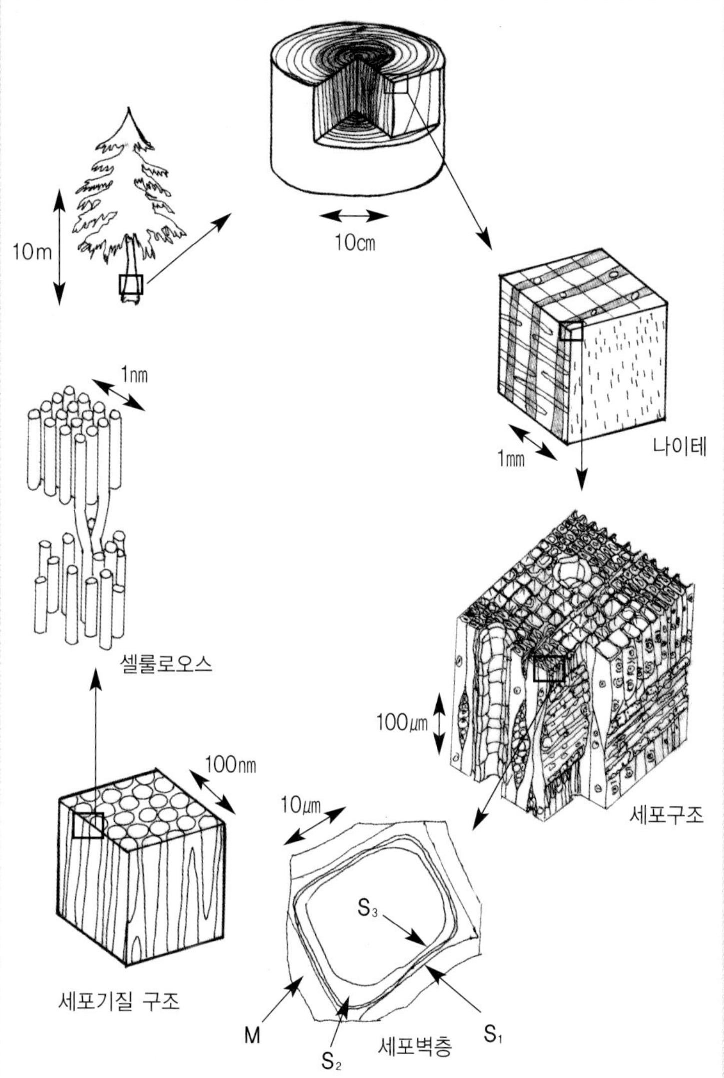

그림 2-7 | 목재가공 산업에서 나노기술 적용

목재의 구성성분에 차이가 있기 때문에 목재 종류에 따라서 고유하게 지닌 성질 또한 다양하게 나타나고 있다. 예를 들면 수축과 팽창에 대한 국산 수종에 대한 값이 표 2-2에 잘 나타나 있다. 이런 수축과 팽창의 차이는 목재를 이용하는 측면에서 조심스럽게 고려돼야 한다.

표 2-2 | 국산 수종의 구성성분 및 수축률

수 종	비 중	리그닌(%)	추출물(%)	무기물(%)	수축률(%)	
					방사면	접선면
소나무	0.47	29.3	4.6	0.4	0.4	5.4
리기다소나무	0.53	28.6	4.9	0.2	0.2	5.2
낙엽송	0.61	28.5	3.7	0.1	0.1	6.4
느티나무	0.69	22.5	1.3	0.5	0.5	4.5
상수리나무	0.82	22.1	2.4	1.3	1.3	11.2
물푸레나무	0.75	23.4	2.6	0.4	0.4	7.1
가죽나무	0.65	20.8	1.6	0.7	0.7	7.1

그림 2-8 | 다양한 종류의 나무 모습

3. 나무의 성질과 이용

본 절에서는 국내의 주요 수종의 특징 및 이들 나무의 종류가 생활환경에서 어떻게 이용되고 있는지에 대해 간략하게 알아보고자 한다.

3.1 소나무

소나무는 적송, 육송으로 부르고 있으며, 한반도 전역에 분포하고 있고, 북부의 일부 1,300m이상의 고원지대에서는 볼 수 없고, 남쪽으로 일본과 북쪽으로는 만주지역까지 분포되며, 높이는 35m, 지름 1.8m까지 자라는 상록침엽교목이다. 목재로서의 특징은 연륜이 뚜렷하고, 심재는 적갈색, 변재는 담적황백색으로 심·변재의 구분이 뚜렷하다. 나무의 표면은 거칠고, 나무결이 곧다. 또 춘재와 추재의 변화가 급하다.

소나무는 조선시대에 번성한 나무로서 우리의 정서에 가장 친근하다. 그러나 전술한바와 같이 소나무는 국내에만 분포하는 것이 아니라 세계적으로 널리 분포되어 있다. 소나무는 어린 나무일 때는 음수이지만, 성장하면 양수가 된다. 국내에 소나무는 여러 종류가 분포하고 있다. 미국산 소나무 중에서 한반도와 위도가 비슷한 지역에 분포되어 있는 리기다소나무를 1906년에 국내에 도입하여 전국에 많이 식재하였다. 반면에 뉴질랜드에서는 미국산 라디에타소나무를 식재하였는데, 미국에서는 속성수가 아닌 라디에타소나무가 뉴질랜드에서 속성수로 자라면서 나무가 불과 몇 년 안에 크게 자라면서 뉴질랜드가 임업부국으로 성장하는데 크게 기여한 나무이다.

여러분은 여행을 통해 또는 드라마 연속극을 통해서 정동진의 소나무를 기억할 것입니다. 정동진에 도착하여 거기에 서있는 소나무 앞에서 기념 촬영을 해본 경험도 있겠지요. 이렇게 소나무는 우리의 기억 속에 남아 있는 나무입니다. 또 국내의 문화재를 보면, 주요 궁궐과 사찰 등의 기둥 등 많은 부분을 소나무로 건축한 것을 알 수 있다. 줄기가 곧게 자라는 금강소나무를 문화재에 사용한 것이다. 경북 울진지역에 유명한 금강소나무는 금강송으로 특허청에 상호등록이 되어 있어서 우리의 자랑입니다.

소나무는 1960년대에는 벌거숭이 민둥산에 식재하여 우리의 강산을 푸르게 한 고마운 나무인데 1960~70년대에는 송충이에 의해 피해를 받았지만, 어려운 시련을 극복했고, 1980~90년대에는 솔잎혹파리에 의해 크게 피해를 받았지만, 우리의 강산을 푸르게 지켰으며, 2000년대부터는 소나무 재선충에 의해 크게 위협받고 있어서 전국으로 피해가 확산되고 있어 큰 위기에 직면하고 있는 실정이다. 이런 소나무 재선충은 국내에는 천적이 없는 관계로 인해 확산이 빠르게 진행되고 있다. 국내에서 재선충 방역에 대한 연구가 산림보호 기술의 발전과 함께 잘 극복될 수 있을 것으로 기대한다. 이와 같이, 우리 국민이 어려울 때마다 어려움을 극복한 모습과 같이 소나무는 한반도에서 우리 국민과 같이 영원히 푸름을 간직할 것이다.

그림 2-9 | 소나무

3.2 메타세콰이어

메타세콰이어는 세계적으로 여러 지역에 분포하는 나무 중의 하나로 국내에서는 오래전에 도입되어 많이 식재되어 여러 지역에서 볼 수 있는데, 특히 가로수로 많이 식재되어 있다. 지구상에 존재하는 나무 중에서 키가 제일 높게 성장하는 나무로 잘 알려져 있다. 침엽수로 분류된 낙엽송, 은행나무 등과 함께 가을에 낙엽이 지는 것이 특징이다. 북미, 특히 태평양연안의 록키산맥지역의 여러 곳에 위치한 메타세콰이어 국립공원들은 세계적으로 유명해서 관광객들에게 많은 볼거리를 제공해준다. 이들 국립공원에서 실제로 키가 큰 메타세콰이어와 대면한다면, 실로 감탄사를 연발할 수밖에 없을 것이고, 자연 앞에 숙연해질 것이다.

그림 2-10 | 메타세콰이어(영남대학교)

3.3 주목나무

국내에서 주목나무는 키가 작고 조밀하게 달린 잎이 진한 녹색과 가을의 붉은 색의 컵 모양의 열매가 우리를 매료시켜서 조경 수목으로 많이 식재되고 있다. 주목나무 껍질에서 항암제를 생산하게 되면서 인간생활에서 주목을 받게 된 나무이다.

택솔(Taxol)은 주목나무껍질의 추출물에서 얻어진 항암성분으로 택솔에 대한 기사는 1987년 5월 3일 일요일 The New York Times에서 주목나무와 택솔에 관한 기사를 볼 수 있다. 그 당시의 신문기사에서 미국의 태평양 연안지역에 분포하는 태평양주목나무(Pacific yew tree)의 수피가 캘리포니아주, 오레곤주, 워싱톤주의 연방정부 산림으로부터 6만 파운드가 채취되어 얻어졌다.

만약 택솔이 효과가 있다고 입증이 되면, 태평양주목나무의 집단은 상당히 고갈될 것이다. 왜냐하면 수피는 나무가 잘려진 후에 수확이 되기 때문으로, 일반적으로 수피는 제거되면 나무는 죽는다. 또 나무가 잘려지지 않고 수피가 채취된다고 해도 수피가 벗겨진 나무는 생육을 할 수 없게 된다.

주목나무속(Taxus)의 수종은 영국, 서유럽, 러시아, 중국과 일본에 있는 주목나무 수종과 비슷하다. 그러나 이런 수종은 태평양주목나무보다 훨씬 작고 수피의 양도 적다. 주목나무속 수종의 목재 일부, 수피, 잎의 화학적 구성성분은 오랜 동안 연구되어 왔다. 택솔은 추출물의 일부분인 테르펜(terpene) 계통의 화합물로서 항암제의 효능 때문에 많은 관심을 가져왔다.

1931년 이래로 1% 황산, 메칠알콜, 에칠알콜, 에테르 등으로 추출을 하여 분자구조를 규명하려는 노력을 해왔다. 그 결과 분자의 구조가 2차원적이 아니라, 3차원적으로 배열되어 있음을 확인하였다.

미국 메릴랜드주 베데스다에 위치한 국립암센타(National Cancer Institute)에서 과학자들이 쥐를 통한 실험에서 택솔이 암에 효능이 있다고 입증하였다. 그래서 더 많은 주목나무의 수피가 인간의 질병을 치료하기 위해 필요하게 되었다. 결국 환경을 보호하기 위한 유기화학적인 합성 방법으로 오랜 기간 동안 연구 끝에 합성에 성공하여 현재 미국에서 약품으로 대량 생산되고 있다.

한편, 국내의 벤처회사에서는 택솔을 얻기 위해 조직배양으로 조금 자란 어린 묘목에서 추출하고 있는 실정으로 현재 벤처기업에서 생산 판매하고 있다. 이처럼 주목나무는 인간의 건강한 생활에 필요한 중요한 나무가 됐다.

3.4 은행나무

은행나무는 인류의 역사보다 훨씬 오래된 3억5000만년 전부터 지구에 뿌리를 내리고 생명력을 유지하고 있다. 따라서 이렇게 오랜 기간 동안 유지되고 있는 은행나무를 나무화석이라고 한다. 환경에 대한 적응력이 우수하고, 병충해를 잘 견뎌 각종 공해로 뒤덮인 도시에서도 농약 없이 왕성하게 자라기 때문에 국내에서 1970년대부터 가로수로 많이 식재되어 전국에 많이 분포되어 있다. 은행 열매, 잎, 줄기는 효능이 좋아 민간요법에서도 빼놓지 않고 등장하는 재료다. 은행 열매에는 탄수화물, 단백질, 칼슘, 인, 비타민 등의 성분이 다량 함유되어 있고, 은행잎에서도 α-hexanal 등의 각종 폴리페놀물질이 함유되어 있어서 추출된 물질에서 혈액순환 개선효과가 있는 약품인, 혈액순환제로 오래 전에 개발되어 인류의 건강을 위해서 사용되고 있다.

고혈압이 있거나 생리통을 앓을 땐 은행잎 또는 줄기 5~6g을 달여 하루 2~3회씩 1주일 정도 복용하고, 설사 증세가 있거나 소변이 불규칙할 땐 은행 열매 5~6개를 구워 하루 3~4회씩 먹으면 효능을 보는 것으로 알려져 있다.

3.5 참나무

참나무는 대한민국의 전역에 분포하는 나무로서 낙엽활엽교목이다. 참나무의 용도는 가구, 건축용 내장재, 펄프, 목탄, 버섯재배 등 실로 다양하다. 참나무는 종류가 다양해서 구분하기 쉽지 않고, 주로 도토리나무 등으로 불려져 왔다. 국내의 참나무 종류에는 상수리나무, 굴참나무, 신갈나무, 갈참나무, 졸참나무, 떡갈나무 등 여러 종류가 있는데, 노래에 많이 등장하는 참나무는 떡갈나무이다. 일반적으로 외국에서 목재의 이용적인 측면과 목재의 색깔에 따라서 크게 백참나무(white oak)와 적참나무(red oak) 등으로 구분한다. 백참나무는 목재가 나무색깔을 나타내고, 도관에 추축물이 쌓이는 것이 특징이다. 따라서 백참나무는 외국에서 전통적으로 펄프, 양주와 포도주를 담그는데 사용됐다.

최근, 국내에서 참나무는 숯으로 제조되고 있으며, 숯을 제조하는 과정에서 목초액 등이 얻어져 우리의 건강을 위해서 많이 이용되고 있다. 그러나 한편으로 참나무는 나무의 이용적인 측면에서 귀중한 나무이고 침엽수와 비교해서 상대적으로 오랜 기간 동안 자라야 사용할 수 있는 나무로서 한 순간에 숯으로 제조되는 것과 같은 이용은 조심스럽게 조절돼야 하고, 우리 후손에게 대물림하여 좋은 자원으로 가꿔야 한다.

참나무의 종류 중에서 굴참나무는 나무껍질로부터 코르크가 얻어지고 있으며, 이렇게 얻어진 코르크는 장식용과 병마개 등 다양하게 이용되고 있다. 국내의 상수리나무는 대표적인 적참나무이다.

그림 2-11 | 참나무 숯의 모습

3.6 느티나무

느티나무는 느릅나무과의 나무로서 전국에 분포하고 있으며, 지리적으로 일본, 중국, 몽고, 시베리아, 유럽 등에 분포하고, 높이 26m, 지름 3m까지 자라는 낙엽활엽교목이다. 연륜이 매우 뚜렷하고, 심재는 황갈색, 변재는 담황갈색으로 심재와 변재의 구분이 뚜렷하다. 나무의 표면은 거칠고, 나무결이 곧다. 용도는 가구, 건축용 내장재, 조각, 공예, 장식 등 다양하게 사용되고 있다.

느티나무는 고려시대 번성한 나무로서 전국의 가로수로 많이 식재되어 도시의 걷고 싶은 거리와 학교 등지에서 흔히 볼 수 있는 나무이다. 수관 폭이 넓어서 정자목, 녹음수로 가장 훌륭한 나무이고, 가을이 되면 황적색의 단풍으로 되어 그 아름다움은 이루 말할 수 없다. 목재로서 느티나무는 우리나라에서 최고이다.

그림 2-12
한산도 제승당의 느티나무 (수령 280년)

3.7 오리나무

한반도 전역에 분포하고 있으며, 높이 20m, 지름 0.7m까지 자랄 수 있는 낙엽활엽교목이다. 오리나무는 연륜이 뚜렷하지 않고, 재색은 담적갈색으로 심재와 변재의 구분이 뚜렷하지 않은 것이 특징이다. 오리나무는 생장속도가 빠르고 척박한 토양에서 잘 견딜 수 있어 공원과 경사진 지역에 사방용으로 많이 식재하였다. 옛날에는 오리마다 식재하여 거리를 표시한 나무이고, 안동의 유명한 탈이 오리나무로 만들어졌다고 해서 잘 알려져 있는 나무이다.

3.8 자작나무

나무껍질이 흰색이고 얇게 벗겨지는 것이 특징으로 우아한 모습을 보여주기 때문에 '숲속의 귀족'이라 부른다. 화촉(華燭)을 밝힌다고 할 때, 화는 자작나무를 뜻한다. 전기와 초가 없던 시절 자작나무껍질에 불을 붙여 어둠을 밝히고, 행복을 부른다는 뜻에서 생긴 말이다. 자작나무는 공해에 대해 약하지만, 공원이나 정원에 식재하기에 적당하다. 자작나무에서는 자일리톨이 많이 함유되어 있어 자일리톨을 얻을 수 있는 나무로 잘 알려져 있다.

3.9 오동나무

속성수로 많이 식재하였으며, 일본과 중국에도 분포하는 나무이다. 높이 15~20m, 지름 0.8m까지 성장하는 낙엽활엽교목이다. 연륜은 매우 뚜렷하다. 예부터 우리조상들은 집주변에 혼사를 위해 이 나무를 심어 왔다. 잎이 크고 5월이면 꽃이 피고, 식재 후, 4년이면 꽃을 볼 수 있다. 매우 빠르게 자라는 속성수로서 공해와 병충해에도 강해 도시 조경수로 적당하다. 목재로서 가볍고 좋은 성질 때문에, 고급가구재로도 사용되고 있는 나무이다. 공원이나 마을 입구와 같이 넓은 공간이 있는 곳에서 큰 오동나무 1~2그루 정도를 만날 수 있다.

3.10 물푸레나무

물푸레나무는 한반도 전역에 분포하는 나무로서 높이 30m, 지름 0.5m까지 자랄 수 있는 낙엽활엽교목이다. 연륜이 매우 뚜렷하고, 재색은 담황갈색 또는 담황녹색으로 심재와 변재의 구분이 뚜렷하지 않다. 목재로서 물푸레나무는 물리적, 기계적

그림 2-13 | 롤스로이스 자동차

성질이 우수해서 악기나 운동기구의 재료로 많이 사용된다.

이상과 같이 여러 종류의 나무들이 우리 생활주변에서 다양하고 유익하게 사용되고 있는 모습을 살펴보았다. 어떤 수종들은 가로수로 많이 심겨져 왔기 때문에 우리에게 매우 잘 알려져 있는 것을 알 수 있다. 표 2-3에서 2005년 현재 국내의 가로수로 많이 심겨지고 있는 나무들을 볼 수 있다. 시대의 흐름과 함께 가로수로 심겨지고 있는 나무도 다양하게 변화되고 있는 것을 알 수 있다. 흙먼지와 공해가 심한 도로에서 흔히 볼 수 있는 버즘나무(플라타너스), 은행나무 등에서 벚나무, 이팝나무 등 꽃나무를 비롯해 단풍나무 등 겉모습이 화려한 수종이 크게 늘고 있는 경향이다. 그러면 가로수의 역사를 잠깐 살펴보면, 고대이집트의 상형문자에 도로 위에 서 있는 나무 형태를 나타낸 것이 있고, 기원전 5세기에 중국에서는 열수(列樹)란 단어를 사용했다는 기록이 있다. 우리나라에서는 조선 고종 32년(1895년) 내무아문(행정자치부)에서 길 양쪽에 나무를 심도록 전국 8도에 공문을 보낸게 시초이다. 이후 신작로라는 새 길이 뚫리면서 당시 가로수에 적합한 나무로 알려진 버즘나무, 양버들, 미루나무 등을 외국에서 들여왔다.

표 2-3 | 전국 가로수 수종 식재현황 (2005년 기준)

자료 : 산림청

	1위	2위	3위	4위	5위	6위	7위
종 류	벚나무	이팝나무	단풍나무	배롱나무	느티나무	은행나무	메타세쿼이아
그 루	5만 7335	2만 2739	1만 4802	1만 658	1만 45	4279	2581
비 율(%)	30	12	8	6	5	2	1.4

4. 세계의 목재자원

본 절에서는 세계의 목재자원 중에서 국내에 많이 도입되고 있는 목재의 종류와 매우 밀접한 관련이 있는 대표적인 몇 개국의 목재자원 및 이용에 대해 짧게 알아보기로 한다.

4.1 뉴질랜드

뉴질랜드는 두개의 섬으로 구성되고, 한반도의 면적보다 다소 크다. 반면에 인구는 적어서 대한민국 인구의 $\frac{1}{10}$정도로서 주로 목축업을 통해 많은 수입을 올리고 있다. 뉴질랜드는 미국에서 도입한 라디에타소나무를 식재해서 임업부국으로 도약한 것을 알 수 있다. 미국에서 라디에타소나무는 속성수가 아닌 평범한 소나무인데, 이 라디에타소나무를 뉴질랜드에 조림한 결과 속성수로 빠르고 크게 성장하여 뉴질랜드가 임업부국으로 도약하는데 크게 기여한 나무이다. 세계목재시장에서 뉴질랜드산 라디에타소나무의 시장규모는 매우 크고 국내의 수입 원목 중에서 라디에타소나무의 비율은 2004년을 기준으로 20%에 이르는 것으로 추산되고 있다. 원목이외에 파티클보드와 MDF 등의 제조 원료로도 많이 사용되고 있어 라디에타소나무가 차지하는 비율은 실제로 더 많은 것으로 평가하고 있다.

4.2 러시아

러시아하면 시베리아를 떠올리지 않을 수 없다. 러시아는 매우 넓어서 기후적으로도 다양하지만 여기서는 시베리아 지역에 분포하는 낙엽송에 대해 알아보고자 한다. 국내에도 치산녹화 과정을 통해 침엽수의 대표 수종으로 낙엽송을 식재하였고, 그 결과 낙엽송이 국내에 많이 분포하고 있으며, 2005년에는 최초로 국산 낙엽송 원목을 국내 합판공장에 공급하여 낙엽송 합판을 생산하고 있다. 또 낙엽송 원목으로 학교 책상을 만들어서 공급하고 있는 실정으로 이제 낙엽송은 우리에게 매우 친근한 모습이다.

시베리아 지역은 러시아 산림의 거의 절반에 해당되고, 전 세계의 산림에 9%에 이르는 광활한 지역이다. 이런 시베리아 지역에서 자라고 있는 나무는 매우 다양한데, 1989년 연구보고서에 의하면, 시베리아의 산림은 670백만 에이커인데 대부분의 지역에 낙엽송이 분포하고 있다. 미국 농림부의 자료에 의하면, 미국의 산림은 696백만 에이커인데 모든 종류의 수종이 분포하는 것으로 알려졌다. 시베리아 지역에는 낙엽송(Dahurian larch)이 산림의 면적에 대해 56% 분포하고 있으며, 이것은 미국 오리곤 지역의 6배에 해당하는 넓은 지역이다.

4.3 미국

목재자원이 풍부한 미국에서 나무의 종류는 지역별로 매우 다양해서, 활엽수의 경우에는 주로 가구 및 장식용으로 많이 사용되고 있고, 반면에 침엽수의 경우에는 산업용 구조재로 사용되고 있다. 미국에서 목재의 이용을 연대적으로 알아보면, 짧은 역사를 지닌 미국은 서부 개척을 통해 대서양 중심에서 태평양연안 지역으로 확대해 갔다. 그 결과 1900년대 초부터 태평양연안 지역에서 많이 분포되어 있는 미송(Douglas-fir)을 비롯한 레드우드, 솔송나무, 폰데로사소나무 등의 다양한 침엽수 자원을 이용해서 합판산업이 세계 최초로 시작되었다. 이렇게 1900년대 초에 태평양연안지역에서 시작되었지만, 남부와 북동부 등의 다른 지역에는 어땠을까? 생각해봅시다. 남부지역 즉, 버지니아주에서 시작해서 남쪽 깊숙이 조지아주와 미시시피주를 지나 아칸사스주에 이르기까지 폭넓게 분포하는 남부소나무가 있지만, 이 남부소나무에 대한 사용은 못하고 있던 실정이었다. 그 후, 1950년대에 농림부주관으로 많은 연구 및 개발의 결과로 1960년대부터 합판산업에서 남부소나무를 사용하게 되었다. 이렇게 미국에서 합판산업은 폭넓은 지역에 많은 침엽수 자원을 이용해서 구조용 시장을 대표하는 제품으로 크게 성장할 수 있었다. 다른 지역의 목재자원으로 시야를 돌려서 오대호연안지역을 보면, 미시간주, 미네소타주 및 오대호연안 캐나다 지역에 많이 분포하는 나무가 바로 백합나무(Aspen)이다. 이 백합나무는 상대적으로 가벼운 나무이기 때문에 1980년대 전에는 목재가공산업에서 사용할 수 없는 나무로 취급해 왔다. 아마도 미국에서 목재자원의 풍요로 인해 버림받아온 것이 아닐까 사료되고, 또 과거와 비교해서 목재가공기술의 많은 발달로 인해 상황이 반전되어 버려져 있던 목재자원이 시대의 변천과 함께 새롭게 사용할 수 있게 됐다. 그 결과 백합나무는 OSB(Oriented Strandboard) 제조의 원료로서 적합한 목재로 사용되고 있다. OSB제조에는 백합나무 외에도 일부 활엽수 종류와 남부소나무 등 침엽수도 사용할 수 있다. 1990년대에는 중부지방에서 많이 생산되고 있는 곡물의 짚을 이용해서 파티클보드와 유사한 짚보드를 생산하고 있으며, 생산량 및 짚보드공장은 계속 증가일로에 있다. 2000년대에는 지구온난화의 심각성과 함께 지속가능한 경영을 바탕으로 소경재를 이용한 목재가공산업의 변화를 볼 수 있다. 이와 같이 미국에서 목재자원의 이용을 보면 실로 감탄을 자아내게 한다.

그림 2-14 | 세계지도

5. 산림욕

산림은 일정한 면적을 가지며, 어떤 높이를 가진 수목의 집단이 점유하고 있는 곳으로서 인간 생활의 활동 범위가 넓어짐에 따라서 산림도 점점 인간생활 중심으로 개발되어서 지속적으로 좁아져 가고 있는 실정이다. 산림이 인간에게 제공해 주는 혜택은 (1) 목재와 버섯, 산나물, 약초 등의 임산물을 공급해주고, (2) 강풍 등으로부터 농지를 보호하고, (3) 수원을 함양하고 산림 내에서 유출되는 수계의 유량을 조절하고, (4) 산림이 구성된 환경 속에서 인간에게 보건 및 관광 등의 효용을 준다. 이와 같이 산림은 인간에게 경제적 혜택 이외에도 공익적 혜택, 즉, 맑은 공기, 깨끗한 물, 그리고 아름답고 쾌적한 휴식공간을 제공해 준다. 2005년 산림청 보고서에 의하면, 이러한 산림의 공익적 가치는 금액으로 환산하면 무려 50조원에 이르고, 국민 총생산의 10%에 해당되고, 국민 한 사람에게 돌아가는 혜택은 106만원 상당이다. 상술한 혜택 중에서 산림욕은 공익적 가치에 포함된다.

산림욕이란 용어는 1980년 초에 처음 나온 용어로서 그린샤워(green shower) 등 여러 가지 용어로 표현되고 있다. 녹음이 짙은 산림에는 식물이 뿜어내는 피톤치드(Phytoncide) 라고 불리는 방향성 물질 즉, 항균물질이 있다. 피톤치드의 피톤(Phyton)은 식물이고, 치드(cide)는 다른 생물을 죽인다. 라는 의미의 러시아 합성어이다. 피톤치드는 식물이 성장하는 과정에서 자신을 보호하기 위해 공기 중으로 발산하는 방향성 물질(테르펜 일종)로 그 자체에 살균, 살충 성분이 포함되어 있다.

예를 들면, 수목에 상처가 생겼을 때, 박테리아나 세균 등 이물질로부터 자신을 보호하고 상처를 치유하기 위해 송진이나 수액과 같은 물질들을 상처부위에 발산하는 바로 이런 물질들을 수목이 왕성하게 성장하는 봄에서 가을까지 많이 발산하고, 사람이 피톤치드를 호흡하면 몸과 마음이 맑아져 안정을 가져오며, 내분비를 왕성하게 하고, 혈관을 유연하게 하여 건강에 매우 좋은 효과가 있는 것으로 확인되고 있다. 특히, 자율신경을 조절해 심신을 안정시키고 정신 집중력을 높이는 효과가 있다. 공기 유통과 땀 흡수가 잘되는 간편한 옷차림으로 숲속을 거닐면서 맑은 공기와 함께 피톤치드를 마시고, 피부에 접촉시키는 것을 산림욕이라고 한다. 피톤치드는 5~8월 온도가 가장 높을 때, 그리고 해가 뜨는 오전 6시쯤 가장 활발히 발산된다. 따라서 산림욕은 피톤치드가 숲에 가득할 오전 10~12시 정도가 가장 좋다. 산림욕장은 소나무, 낙엽송, 편백, 잣나무 등 침엽수가 많은 곳이 좋고, 산의 정상보다는 계곡이나 깊은 숲일수록 더욱 효과적이다.

그림 2-15 | 산림욕

자 유 토 론

1. 침엽수와 활엽수를 비교해 봅시다.
2. 목재의 나노구조에 대해 토론해 봅시다.
3. 가로수로 많이 심고 있는 나무에 대해 알아봅시다.
4. 지구상에서 가장 오래된 나무들에 대해 알아봅시다.
5. 주목나무의 이용에 대해 조사해 봅시다.
6. 생활환경에서 소나무의 이용에 대해 조사해 봅시다.
7. 참나무는 어떻게 이용되고 있는지 알아봅시다.
8. 국토가 우리나라와 비슷한 뉴질랜드가 임업부국이 된 모습을 토론해 봅시다.
9. 피톤치드란 무엇인가요?

| 참고문헌 |

1. Browning, B. L. 1967. Methods of Wood Chemistry. Vol. 1. Interscience Publishers. 384pp.
2. Browning, B. L. 1967. Methods of Wood Chemistry. Vol. 2. Interscience Publishers. 882pp.
3. Browning, B. L. 1975. The Chemistry of Wood. Robert E. Krieger Publishing Co. 689pp.
4. Cohen, D. H. 1994. Globalization of wood: supply, processes, products, and markets. Forest Products Society. 225pp.
5. Dietz, A. G. H., Schaffer, E. L. and Gromala, D. S. 1982. Wood as a Structural Material. Vol. 2. Pennsylvania State University. 282pp.
6. Edlin, H. 1969. What Wood Is That? A Manual of Wood Identification. Penguin Putnam Inc. 169pp.
7. Fengel, D. and Wegener, G. 1983. Wood: Chemistry, Ultrastructure, Reactions. Walter de Gruyter. New York. 613pp.
8. FPL. 1987. Wood Handbook: Wood as an Engineering Material. Agric. Handb. 72. Washington DC. USDA. 466pp.
9. FPL. 1987. The Encyclopedia of Wood. Revised Edition. Stering Publishing Co. Inc. New York.
10. Haygreen, J. G. and Bowyer, J. L. 1996. Forest Products and Wood Science: An Introduction. 3rd Edition. Iowa State University Press. 484pp.
11. Hillis, W. E. 1962. Wood Extractives and Their Significance to the Pulp and Paper Industries. Academic Press. New York. 513pp.
12. Hoadley, R. B. 1980. Understanding of Wood: A Craftsman's Guide to Wood Technology. Taunton Press. 256pp.
13. Hoadley, R. B. 1990. Identifying Wood: Accurate Results with Simple Tools. Taunton Press. 223pp.
14. Jayne, B. 1972. Theory and Design of Wood and Fiber Composite Materials. Syracuse University Press. 418pp.
15. Nikitin, N. I. 1966. The Chemistry of Cellulose and Wood. Academy of Sciences of the USSR. Monson Co. 691pp.
16. Panshin, A. J. and Zeeuw, C. D. 1980. Textbook of Wood Technology. McGraw-Hill Book Co. 722pp.
17. Rowell, R. M. 1984. The Chemistry of Solid Wood. Advances in Chemistry Series No. 207. American Chemical society. 614pp.
18. Sjöstrom, E. 1981. Wood Chemistry: Fundamentals and Applications. Academic Press. 223pp.
19. Tsoumis, G. 1991. Science and Technology of Wood: Structure, Properties, Utilization. Van Nostrand Reinhold. New York. 494pp.
20. Walker, J. C. F. 1993. Primary Wood Processing: Principles and Practice. Chapman & Hall. 595pp.
21. Wangaard, F. F. 1981. Wood: Its Structure and Properties. Vol. 1. Pennsylvania State University. 465pp.

03

실내공기질과 목재접착제

1. 실내공기질

1.1 실내공기질

실내공기질은 인간의 주거생활환경에서 건강을 보호하기 위해 규제되어 왔고, 앞으로 지속적인 관리를 통해 규제돼야 한다. 그러나 아직도 많은 개발도상국과 저개발 국가에서는 실내공기질의 규제가 미흡한 상태이기 때문에, 인간의 건강에 현저한 영향을 미치고 있는 실정이다.

최근, 주거공간은 추운 겨울에는 보온 및 단열을 위해서 또 무더운 여름에는 서늘함과 습도조절을 유지하기 위한 에너지 절감의 목적으로 많은 유기합성재료를 사용하여 시공되고 있다. 과거에 전통한옥 및 서양의 통나무집을 지을 때를 고려해 보면, 진흙과 농작물 짚 및 목재 등의 천연 소재로 사용하던 모습에서 현재는 다양한 플라스틱 고분자 재료의 출현과 유기합성 접착제 및 도료 등의 화학제품으로 건축되고 있다. 이런 모습에서 주거공간에는 화학물질이 만연하여 인간의 건강을 위

표 3-1 | 주요 휘발성 유기 화합물과 발생원

물질	주 발생원
벤젠	담배 연기, 세척 및 청소용품, 페인트 제거제, 접착제
포름알데히드	목재, 단열재, 라커, 카펫, 합판 접착제
펜타클로로 벤젠	목재방부제, 곰팡이 제거제, 살충제
부틸아세테이트	라커
톨루엔, 자일렌	페인트, 바닥용 왁스, 니스, 염료, 벽지
스틸렌	담배연기, 발포형단열재, 섬유형 보드

협하고 있는 실정이다. 표 3-1에 실내공기를 오염시키는 화학물질이 나열되어 있는데, 인체가 이들 유해물질에 많이 노출되었을 때, 건강에 치명적이다.

실내주거환경에서 실내공기 오염원으로 고려돼야 할 화학물질 및 건축자재로는 방부제, 곰팡이방지제, 방향제, 합판, 부엌가구, 생활공간가구, 벽지 및 벽지용 접착제, 마루판 및 마루판 시공용 접착제, 마루바닥재 등 다양하다. 휘발성 유기화합물은 신축 아파트 등의 주거공간에서 배출되고 있는데, 2004년 현재 국내에는 허용기준이 없는 실정이다. 따라서 실제로 주거생활공간의 내장재, 마감재 및 가구 등에서 발암물질로 의심되고 있는 휘발성 유기화합물 성분이 많이 배출되고 있는 현실이다.

2004년 국내의 신축된 아파트의 실내 공기 성분을 측정한 결과 휘발성 유기 화합물 총량이 최고 ㎥당 1.6mg으로 나타났다. 이런 수치는 세계보건기구의 허용기준치인 0.3mg/㎥의 5배에 해당한다. 특히 국내에서 접착제나 가구 등에서 배출되는 포름알데히드는 800ppb (1000ppb = 1ppm)가 검출됐는데, 이 수치는 세계보건기구(WHO)의 허용 기준치보다 무려 10배나 많은 것이다. 2000년 신축아파트의 조사에서는 침실, 거실, 주방, 욕실 등에서 휘발성 유기화합물이 ㎥당 침실 1.6mg, 주방 1.5mg, 거실 0.9mg으로 나타났다. 휘발성 유기화합물은 마감재와 건축자재, 호화내장재 등에서 배출되고 있고, 단열성능이 향상된 건축 기법 탓에 실내 공간이 밀폐돼 이들 건축자재가 인체에 미치는 영향은 더욱 크다.

휘발성 유기화합물은 대기 중의 20℃ 상온에서 가스 형태로 존재하는 유기화합물의 총칭으로 수백 종에 달한다. 발암물질인 벤젠을 비롯해 톨루엔, 클로로포름, 아세톤, 스틸렌 등이 대표적이다. 이들 휘발성 유기화합물은 일반적으로 건축 신축 후 6개월이 경과됐을 때, 가장 많이 배출되고 있으며, 이후 배출량은 다소 줄어들지만, 연구보고서에 의하면 마룻바닥이나 타일을 붙일 때 쓰이는 접착제 등에서 시공 후 최장 10년까지 유해물질이 방출되고 있다. 따라서 제조회사에서 제품을 생산할 당시에 기술력을 배경으로 경쟁력 있는 친환경적인 제품을 생산하는 것이 중요하다.

새로 신축된 건물에는 휘발성 유기화합물의 농도가 높기 때문에 스칸디나비아 반도의 국가들은 신축된 건물에서 유기화합물 방출을 위해 신축 후, 6개월 동안 100% 외부 공기로 환기시켜 휘발성 유기화합물의 농도를 낮추고 있다. 유럽 등 선진국에서는 실내 근무로 발생되는 알레르기 두통 불면증 호흡기 질환 등을 '빌딩 증후군(Building Syndrome)' 또는 '새집증후군'으로 분류해서 사회문제가 된 1980년대 초부터 건축자재의 화학물질 배출량을 엄격히 규제하고 있다.

2003년 국내에서 제조물 책임법이 시행되었고, 그 다음해인 2004년 5월 실내공기질에 대한 규제가 시행되어 이런 휘발성 유기화합물 등의 유해물질에 대한 인체노출을 최소화하는 기회가 되고 있지만, 선진국들의 규제보다는 많이 뒤쳐져 있는 실정으로 많은 노력과 연구개발이 필요하다.

2. 휘발성 유기화합물

2.1 벤젠

대표적인 휘발성 유기화합물인 벤젠은 발암물질로서 모든 생산제품으로부터 매우 낮은 수준으로 배출될 것을 요구하고 있다. 벤젠은 가솔린에도 함유되어 있기 때문에 주유소는 대기 농도를 조절하는 규제로부터 자유로울 수 없다.

2.2 포름알데히드

포름알데히드 기체는 자극적인 냄새를 지니고 있어, 약 0.2ppm 이상의 농도에서 느낄 수 있다. 동물실험 결과에 의하면, 실험실 쥐의 경우 포름알데히드 농도가 0.5ppm에서 호흡장애를 관찰했다. 포름알데히드는 여러 목재접착제를 합성하는데 사용하는 주요 성분이다. 1979년 미국에서 포름알데히드는 인간의 순환기계통에 암을 발생시키는 물질로 발표됐다. 그 후, 모든 제품을 제조할 때 사용되는 포름알데히드의 사용이 제한되고 제조된 제품으로부터 포름알데히드 방출량도 낮은 수준으로 유지되기 시작했다. 목재접착제를 합성하는 과정에서 포름알데히드를 사용하기 때문에, 경화 반응된 목재접착제 제품에서 자유 포름알데히드 기체가 깨어져서 방출된다. 이런

표 3-2 | 주요국의 포름알데히드 실내 농도 허용치

주요국가명	허 용 기 준	
	포름알데히드(ppm)	휘발성 유기화합물(㎎/㎥)
WHO	0.08	0.3
미국	0.1	
노르웨이	0.05	
*한국	0.8	

※한국의 경우 2000년 신축된 아파트에서 측정된 값이다.

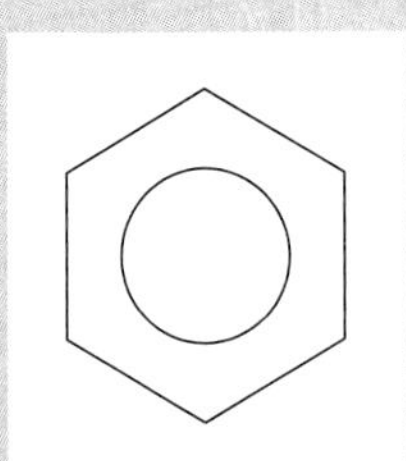

그림 3-1 | 벤젠의 분자구조

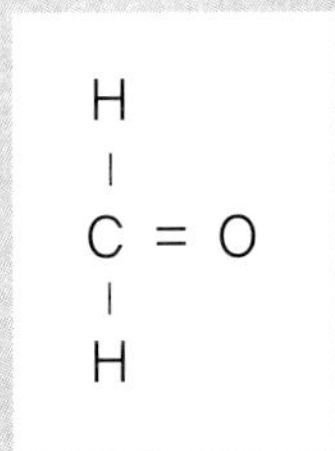

그림 3-2 | 포름알데히드 분자구조

이유는 접착제 합성과정에서 포름알데히드가 과도하게 사용되었거나 또는 가수분해 되어 방출되는 것이다. 포름알데히드를 함유하는 접착제에는 합판, 파티클보드, MDF와 유리섬유 절연체 등의 제품에 접착제로 사용된다. 따라서 가정과 사무실의 건축 재료로 많이 사용된다. 이들 제품은 사용도중 여러 해 동안 포름알데히드를 지속적으로 높은 수준으로 방출하게 된다.

3. 목재접착제의 종류

목재접착제는 기원전인 이집트시대 이전부터 사용되어 왔고, 원유의 발견과 함께 유기화합공업이 급격히 발전함과 동시에 눈부신 발전을 하였다. 유기화학공업이 시작되기 전에 사용되던 목재접착제의 경우에는 콩과 같은 식물성 단백질 및 동물의 뼈와 혈액 등을 이용한 동물성 단백질을 이용하여 왔다. 그 후 유기화학공업의 발전과 함께 합성 접착제가 발달하였다.

목재접착제의 종류에는 열가소성 접착제와 열경화성 접착제로 구분된다. 열경화성 접착제는 내수성과 비 내수성 접착제에 따라서 분류되고, 열경화성 접착제의 특징은 열에 의한 경화반응으로 접착표면에 침투하여 냉각되어 굳어져서 형성된 접착제 층에 다시 고온의 열이 가해져도 형성된 접착제 층의 변형이 일어나지 않는 것이 특징이다. 반면에 열가소성 접착제의 경우에는 고온의 열에 의한 반응으로 인해 접착표면에 녹아 유연해진 후에 굳어져 접착제 층이 형성되고 형성된 접착제 층에 고온의 열이 다시 가해지면, 접착제 층이 녹아 흐름이 생겨 유연해진다.

3.1 열경화성수지접착제

3.1.1 요소수지접착제 | 요소수지접착제는 요소와 포름알데히드로부터 합성된다. 포름알데히드는 천연가스로부터 얻어지기 때문에 천연가스의 가격과 밀접한 관계가 있다. 요소는 비료로 폭넓게 사용되는 화학물질로서 백색의 알갱이 형태로 시장에서 거래가 되는데, 접착제에 사용되는 요소는 비료로 사용되는 요소보다 질적인 순도가 훨씬 더 좋다. 요소수지접착제는 고온의 열에 의한 중합반응을 통해 접착제 층이 형성된다. 경화된 요소수지접착제는 접착제 층이 무색이기 때문에 내장용재료에 사용하기에 적합하다. 또 요소수지접착제는 페놀수지

등과 비교해서 상대적으로 가격이 저렴하고, 요소수지접착제로 제조된 패널의 휨강도와 유연성 등이 내장용 및 반구조용으로 적합하다. 그래서 요소수지접착제는 파티클보드의 접착제로 많이 사용되고 있으며, 섬유판의 경우 내장용으로 사용될 경우에는 요소수지접착제를 사용하고 있고, 합판의 경우에는 활엽수로 제조된 합판의 경우 요소수지접착제를 사용하여 제조한다.

그러나 요소수지접착제의 단점은 내수성이 없어서 물과 접촉하면 쉽게 팽창하여 접착제 층이 분리된다. 요소수지접착제의 또 다른 중요한 결점은 제조된 목질패널제품으로부터 주거생활환경에서 사용하는 동안에 포름알데히드 가스의 방출이다. 이렇게 방출되는 포름알데히드 가스는 인체에 유해하여 방출 정도가 엄격히 규제돼야 한다.

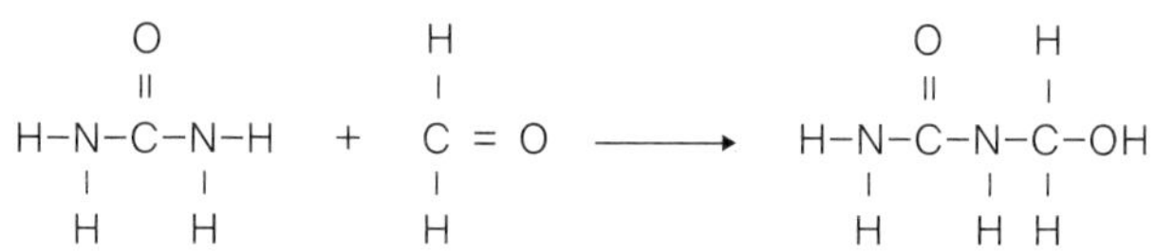

그림 3-3 | 요소수지접착제의 합성

3.1.2 페놀수지접착제 | 1909년 Leo Baekeland가 페놀수지의 형태를 발견하여 이것이 최초의 합성 플라스틱 물질이 되었다. 페놀수지에는 노브락과 레솔의 두 가지 형태가 있는데, 노

블락은 Baekeland가 발견한 것으로 주된 사용은 몰딩에 사용하고 있다. 레솔 형의 페놀수지접착제는 주로 목재접착제로 사용되고 있으며, 종이와 유리섬유 등의 접착제로도 사용된다.

페놀수지합성에 사용하는 원료로서 페놀은 벤젠고리에 6개의 탄소를 지니고 있어 방향족화합물인데 (그림 3-4), 벤젠 또는 톨루엔을 산화시켜 만들어진다. 이런 물질들은 석유정제과정에서 분리된다. 따라서 페놀의 가격은 원유 값과 밀접한 관계가 있다. 페놀은 엔지니어링 플라스틱에 사용하는 에폭시수지와 폴리카보네이트수지 제조에 폭넓게 사용한다. 페놀은 유독성 물질인데 상온에서 결정형태가 된다. 포름알데히드는 페놀수지의 합성과정에서 필요한 성분이다. 이것의 가격은 천연가스의 가격과 밀접한 관계가 있다.

페놀수지접착제는 고온의 열에 의한 중합반응을 통해 접착제의 결합은 3차원적으로 가교결합을 하여 접착제 층이 된다. 경화된 페놀수지접착제는 접착제 층이 짙은 갈색을 띄고 물에 대한 내수성이 강하여 외장용 및 구조용으로 사용되는 제품에 적합하다.

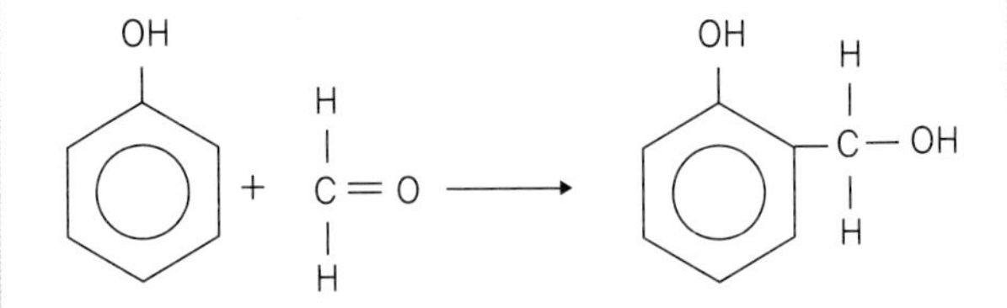

그림 3-4 페놀수지접착제의 합성

3.1.3 멜라민수지접착제 | 멜라민의 분자 구조는 요소의 분자 구조와 유사한데 페놀분자의 육각형 고리처럼 연결되어 있는 것이 특징이다. 요소로부터 얻어지는 멜라민은 분자구조에 있어서 육각형 고리처럼 연결되어 있기 때문에 멜라민수지접착제는 요소수지접착제보다 물에 대한 내수성이 좋다. 멜라민수지접착제는 목재접착제, 표면도장,섬유마감처리 등에 사용된다.

멜라민수지접착제는 다른 열경화성 접착제와 같이 고온의 열에 의한 경화반응으로 접착제 층이 형성되는데, 형성된 접착제 층이 무색이기 때문에 내장용 건축자재 및 표면도장의 장식용에 많이 사용된다.

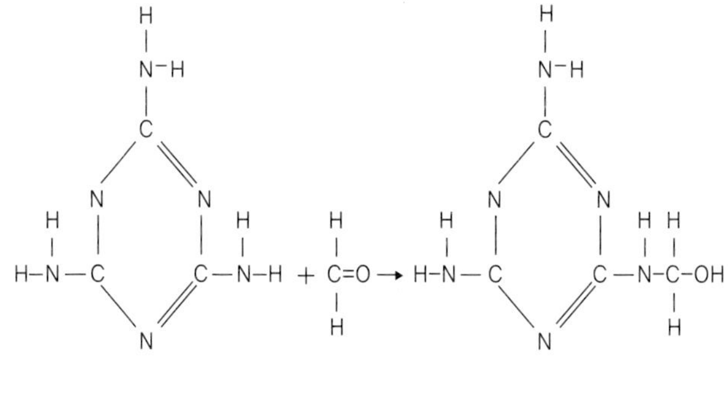

그림 3-5 | 멜라민수지접착제의 합성

3.1.4 레소시놀수지접착제 | 레소시놀의 분자구조는 페놀과 매우 유사한데 수산기(-OH)가 하나 더 C_3 위치에 붙어 있다. 그러나 반응력은 페놀보다 훨씬 강하다. 레소시놀의 가격은 페놀보다 훨씬 비싸기 때문에, 과거에는 집성재 (laminated lumber) 등의 제조에 레소시놀수지접착제를 사용하였지만, 접착제 기술의 발달과 함께 페놀이 일부 대체된 페놀레소시놀수지접착제를 사용하여 집성재를 제조하고 있다. 레소시놀수지접착제는 상온에서 경화되기 때문에, 요소수지접착제나 페놀수지접착제를 경화시킬 때와 같은 큰 열압기가 필요 없다. 따라서 교회 등의 큰 기둥이나 다리를 만드는 집성재를 제조할 때 유용하게 사용되는 접착제 형태이다.

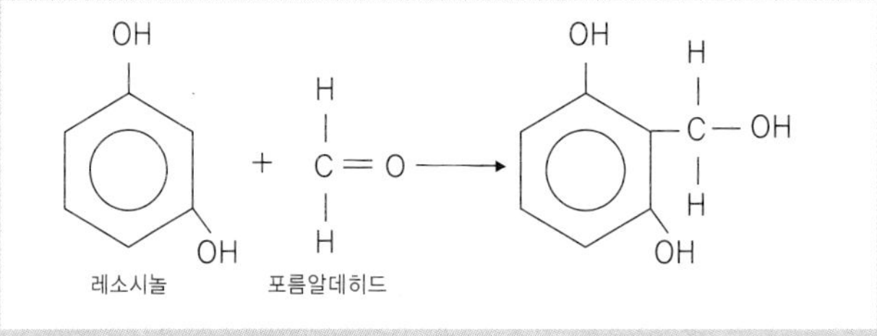

그림 3-6 | 레소시놀수지접착제의 합성

그림 3-7
레소시놀수지접착제로 제조된 집성재 (교회)

3.2 열가소성수지접착제

3.2.1 핫멜트접착제 | 핫멜트(Hot-melt) 접착제는 가구산업에서 폭넓게 사용되고 있는 열가소성수지접착제이다. 가구 중에서 캐비넷 등의 제조에 사용되고 있으며, 접착제를 가열하면 고체에서 액체 상태로 흐르게 되고 접착하려는 표면에 적용할 수 있다. 열에 의해 액체 상태로 도포된 접착제는 냉각에 의해 굳어지면 접착 면이 접착되게 된다. Ethylene vinyl acetate(EVA) 핫멜트접착제가 대표적으로 폭넓게 사용된다.

3.2.2 폴리비닐아세테이트접착제 | 폴리비닐아세테이트(Polyvinyl acetate, PVAc) 접착제는 액상의 형태로 접착하려는 표면에 브러쉬 등으로 도포된다. 접착된 면에서 수분이 마르면 경화가 되는 형태이기 때문에 접착되는 면을 크램프 등으로 압력을 가해서 20시간 정도 접착제 층이 경화되게 접착과정을 수행한다. 이런 형태의 접착제는 집성재와 비교해서 반구조용의 형태로 사용되기 때문에 가구제조에서 서랍 및 탁자의 상판 등과 같은 것을 만들 때 유용하게 사용된다.

3.3 기타 목재접착제

다음에 소개하는 3종류의 목재접착제는 열경화성수지접착제로 분류되지만, 현재까지 국내에서는 사용되고 있지 않기 때문에 기타 목재접착제로 분류해서 설명하기로 한다.

3.3.1 리그닌접착제 | 목재의 주성분인 셀룰로오스로 구성되는 펄프를 생산하는 과정에서 또 다른 목재의 주성분인 리그닌을 분해시켜야 하고, 이렇게 펄핑공정은 화학물질로 목재를 분해시키는 과정에서 리그닌이 다량 녹아 나오게 된다. 목재로부터 용해된 리그닌은 오래전에는 펄핑회사의 공정에 필요한 보일러의 연료로 사용되었지만, 연료로 사용하는 과정에서 리그닌에 혼합된 화학물질 등도 함께 연소되는 과정에서 대기오염의 원인으로 인해 또 기타 다른 이유 등으로 인해 연료보다는 목재접착제 등 다른 목적으로 많이 사용되고 있다. 이렇게 연료로 사용되던 리그닌은 페놀수지접착제의 원료인 페놀의 분자구조와 매우 유사하여 상대적으로 값비싼 페놀을 대체하여 리그닌이 첨가된 리그닌페놀접착제로 사용되고 있다. 목재접착제의 원료인 페놀은 원유에서 얻어지기 때문에 원유가격의 변동에 따라서 목재접착제로 사용되는 페놀수지접착제의 가격은 변동이 커서 상대적으로 저렴하고 재생산 가능한 리그닌을 이용해 페놀을 일부 대체하여 사용하기 때문에 제조원가 면에서 큰 장점을 보여준다.

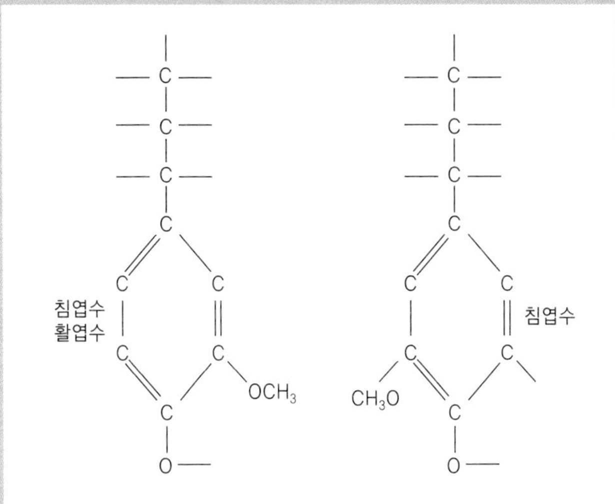

그림 3-8 | 침엽수와 활엽수의 리그닌 구조

3.3.2 탄닌접착제 | 탄닌은 목재의 부성분인데 목재보다는 나무의 잎과 수피에 많이 함유되어 있다. 특히 나무 껍질에는 많은 탄닌이 함유되어 있는 것으로 보고되고 있다. 실제로, 유럽산 소나무의 수피에는 많게는 60% 정도의 탄닌이 함유되어 있는 것으로 보고되고 있다. 목재를 벌채해서 판재로 제재하는 과정에서 수피는 쓸모없는 자원으로 소각되고 매립되어 왔으나, 1970년대부터 중동에서 야기된 오일쇼크 등의 계기로 인해 바이오재생산가능 자원의 이용에 대한 관심이 모아지면서 탄닌을 목재접착제로 이용하기 위한 연구개발이 본격화되면서 수피에 다량 함유된 탄닌을 이용한 목재접착제의 가능성이 시

도되었고, 그 결과 탄닌은 목재접착제로 많이 이용되고 있는 실정이다. 탄닌의 구조는 페놀의 분자구조와 유사하여 리그닌과 같이 페놀수지접착제를 일부 대체하여 사용하고 있다. 이런 접착제의 이용은 재생산가능 자원을 이용하는 면에서 한번 사용하면 없어지는 화석연료와 지구온난화 등을 고려해볼 때, 매우 환경 친화적인 모습이다.

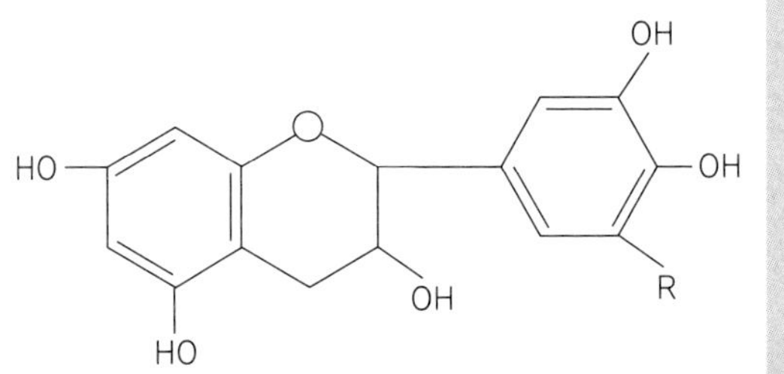

그림 3-9 | 탄닌의 분자구조

3.3.3 PMDI 접착제 | Polymeric methylene diphenyl diisocyanate (PMDI) 접착제는 폴리우레탄 계통의 접착제로서 앞서 본 목재접착제와 비교되는데, 가구와 보온단열에 사용되는 우레탄폼 제조에 사용한다. PMDI 접착제는 요소수지접착제나 페놀수지접착제와 비교해서 상대적으로 값이 비싼 접착제로 분류되고 있으며, 제조과정에서 유해가스가 발생하여 조심스럽게 다뤄져야 한다. 또 접착제가 열에 의해 굳는 과정에서도 유해가스가 발생하기 때문에 주의가 요망된다. PMDI 접착제는 북미에서 Oriented strandboard(OSB) 제조와 유럽에서

는 파티클보드 제조의 접착제로 많이 사용되고 있으며, 최근에 개발되어 상용화된 짚보드의 접착제로 많이 사용되고 있다.

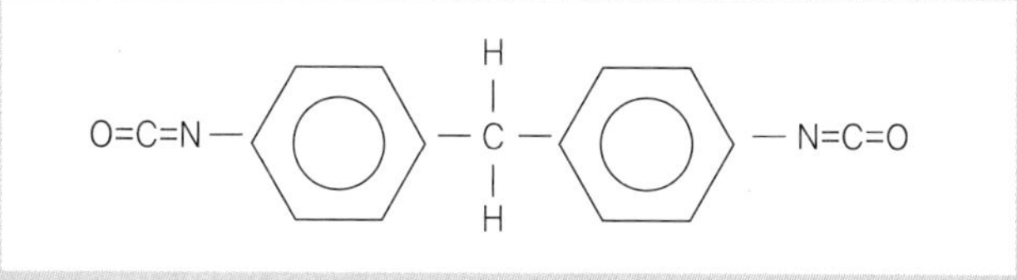

그림 3-10 | PMDI 구조

4. 목재접착제와 실내공기질의 관계

일반적으로 실내공기질은 여러 질병의 원인이 되고 있음을 알 수 있다. 예를 들면 아토피와 같은 피부질환을 비롯해서 천식과 같은 질병에 이르기까지 다양하다. 주거생활환경 및 사무실 등의 다중이용시설에서 실내공기질은 그 공간에 어떤 건축자재로 시공이 됐는가에 따라서 영향이 클 것이다.

인테리어를 위한 건축자재에는 합판, 파티클보드, MDF 등의 다양한 목질패널제품이 사용되고 있으며, 1992년 브라질 리우데자네이루에서 개최된 국제사회의 열대림보호 정책에 의해 원목의 사용은 제한적인 반면에 접착제로 재구성된 목질패널 제품의 이용이 증가되었고, 그 결과 유기합성 수지접착제가 사용된 건축자재가 인테리어에 많이 사용되고 있다. 또 장판 일색이던 국내의 마루바닥재 시장은 접착제로 제조된 목재마루판 제품이 급격히 증가하게 됐고, 목재마루판을 시공하기 위한 접착제의 사용 또한 증가하고 있다. 그 외에도 벽지의 경우에도 과거에는 식물성 접착제로 벽지를 붙였으나, 최근에는 쉽게 사용할 수 있는 유기합성용 접착제로 벽지를 시공하고 있어서 실내생활환경에서 건축자재의 모습은 과거와는 많이 달라진 것을 쉽게 알 수 있다. 국민 소득의 증대와 함께 생활환경도 선진국의 주거생활의 모습과 유사하다. 결국 건축자재의 제조에서 접착제와 같은 유기합성화합물을 사용할 수밖에 없는 실정인 것이다.

미국, 유럽 등의 실내공기질은 이미 오래 전부터 엄격히 규제되어 왔는데, 국내에서는 2004년 5월 실내공기질에 대한 규제가 시행됐다. 결국 실내공기질의 규제가 없는 상황에서 친환경 건축자재를 생산한다는 것은 제품을 생산하는 입장에서는 어려울 수밖에 없는 것이다. 따라서 앞으로 생활공간에서 실내공기질은 국내 규정의 시행과 함께 진전이 있을 것으로 고려된다.

한편, 건축자재뿐 아니라, 생활가구도 제작될 때 합성 수지접착제 및 합성도료를 사용하게 된다. 따라서 가구제품도 상술한 유해물질에 대한 허용기준이 없는 실정으로 '새가구증후군'의 원인이 되고 있고, 앞으로 가구 등 내장재 제품에도 엄격히 규정돼야 한다.

그림 3-11 | 주거생활공간의 모습

자 유 토 론

1. 휘발성 유기화합물에 대해 알아봅시다.
2. 주거환경에서 발생되는 유해가스의 원인에 대해 토론해 봅시다.
3. 실내공기질에 영향을 주는 물질에 대해 조사해 봅시다.
4. 목재접착제와 유해물질의 관계에 대해 알아봅시다.
5. 집성재를 제조할 때 사용하는 접착제에는 어떤 것들이 있는지 알아봅시다.
6. 요소수지접착제와 포름알데히드 방출량에 대해 조사해 봅시다.
7. 요소수지접착제와 페놀수지접착제를 비교해서 알아봅시다.
8. PMDI 접착제의 특성에 대해 조사해 봅시다.
9. 재생 가능한 자원으로 제조하는 목재접착제에 대해 토론해 봅시다.
10. 새집증후군, 빌딩증후군 및 새가구증후군에 대해 토론해 봅시다.
11. 포름알데히드 실내농도 허용치에 대해 토론해 봅시다.

| 참고문헌 |

1. Barry, A. O. and Corneau, D. 1999. Volatile organic chemicals emissions from OSB as a function of processing parameters. Holzforschung 53(4):441-446.
2. Bigbee, K. 2000. Emission background and status of EPA's MACT regulation. PanelWorld. 41(30):18-20.
3. Bigbee, K. 2001. MACT rule development update-2001. 35th International Particleboard/Composite Materials Symposium. Washington State Univ. p. 157-163.
4. Bloemen, H. J. and Burn, J. 1993. Chemistry and Analysis of Volatile Organic Compounds in the Environment. Blackie Academic & Professional. 290pp.
5. Blomquist, R. F., Christiansen, A. W., Gillespie, R. H. and Myers, G. E. 1983. Adhesives Bonding of Wood and Other Structural Materials. Vol. 3. Pennsyvania state University. 436pp.
6. Bradfield, J. 2000. EPA MACT rule development for composite panels: the MACT attact, Part II. 34th International Particleboard/Composite Materials Symposium. Washington State Univ. p. 135-143.
7. Christiansen, A. W., Gillespie, R. H., Myers, G. E. and River, B. 1986. Wood Adhesives in 1985: Status and Needs. Proceeding No. 47344. Forest Products Research Society. 327pp.
8. Christiansen, A. W. and Conner, A. H. 1996. Wood Adhesives 1995. Proceeding No. 7296. Forest Products Society. 254pp.
9. Christiansen, A. W. and Pilato, L. A. 1999. International Contributions to Wood Adhesion Research. Proceeding No. 7267. 148pp.
10. Conner, A. H., Christiansen, A. W., Myers, G. E., River, B. H., Vick, C. B. and Spelter, H. N. 1991. Wood Adhesives 1990. Forest Products Research Society. 190pp.
11. FPS. 1995. Measuring and Controlling Volatile Organic Compound and Particulate Emissions from Wood Processing Operations and Wood-Based Products. Proceedings No. 7301. Forest Products Society. 91pp.
12. FPS. 2001. Wood Adhesives 2000. Proceedings No. 7252. Forest Products Society. 494pp.
13. Gibbia, S. W. 1974. Wood Finishing and Refinishing. Revised Edition. Van Nostrand Reinhold Co. 271pp.
14. Hemingway, R. and Conner, A. H. 1989. Adhesives from Renewable Resources. ACS Symposium Series. No. 385. American Chemical Society. 510pp.
15. Hunter, P. and Oyama, S. T. 2000. Control of Volatile Organic Compound Emissions: Conventional and Emerging Technologies. John Wiley & Sons, Inc. 279 pp.

| 참고문헌 |

16. Larvery, M. R. and Milota, M. R. 2000. VOC emissions from Douglas-fir: Comparing a commercial and a laboratory kiln. Forest Products J. 50(7/8):39-47.
17. Maroni, M., Lindvall, T. and Seifert, B. 1995. Indoor Air Quality: A Comprehensive Reference Book. Elsevier Science. 1100pp.
18. Meyer, B., Andrews, B. A. and Reinhardt, R. M. 1986. Formaldehyde Release from Wood Products. ACS Symposium Series No. 316. American Chemical Society. 240pp.
19. Milota, M. R. 2000. Emissions from wood drying: the science and the issues. Forest Products J. 50(6):10-20.
20. Morawska, L. 1985. Indoor Air - an Integrated Approach: Science, Health and Management. Elsevier Science & Technology Books. 542pp.
21. Pizzi. A. 1983. Wood Adhesives: Chemistry and Technology. Marcel Dekker, Inc. New York. 364pp.
22. Pizzi. A. 1989. Wood Adhesives: Chemistry and Technology. Vol. 2. Marcel Dekker, Inc. New York. 416pp.
23. Pizzi, A. and Mittal, K. L. 1994. Handbook of Adhesive Technology. Marcel Dekker, Inc. New York. 680pp.
24. Pizzi, A. 1994. Advanced Wood Adhesives Technology. Marcel Dekker, Inc. 289pp.
25. Pocius, A. V. 1997. Adhesion and Adhesives Technology: An Introduction. Hanser Publishers. 279pp.
26. Rowell, R. M. and Barbour, R. J. 1990. Archaeological Wood. Advances in Chemistry Series. No. 225. American Chemical Society, Washington D.C. 472pp.
27. Saunders, K.J. 1988. Organic Polymer Chemistry. Chapman & Hall Co. 502pp.
28. Sellers, T. Jr. 1989. Diisocyanate/furfural adhesive for bonding plywood. Forest Products J. 39(11/12):53-56.
29. Sellers, T. Jr. 1995. Lignin-Adhesive Research for Wood Composites. Mississippi State Univ. 91pp.
30. Tichy, R. and Wolcott, M. P. 2001. 35th International Particleboard/Composite Materials Symposium Proceedings. Washington State University. 216pp.
31. Torrey, S. 1982. Adhesive Technology: Developments since 1977. Noyes Data Corp. New Jersey. 500pp.
32. Tout, R. 2000. A review of adhesives for furniture. International J. of Adhesion & Adhesives. 20:269-272.

04

나무의 이해

목질패널제품의 종류와 이용

1. 합판

합판(Plywood)은 접착제에 의해서 함께 접착된 단판이 3매, 5매, 7매 등 홀수로 여러 개의 단판이 층을 이뤄 쌓아져서 제조된다. 또 단판 각층의 목재 결은 인접된 층의 결에 대하여 직각으로 배열된다. 이와 같이 단판의 목재 결을 직각으로 교차 배열시켜 제조된 합판은 외부의 힘에 대해 매우 강하고, 수분에 대한 치수안정화 즉, 수축과 팽창에 대한 성능도 좋다. 합판의 이런 장점들 때문에, 여러 세기 동안 사용되어 왔는데, 인류문화와 함께 가장 오래전부터 사용되어온 목질패널제품으로서 역사적으로 이집트시대의 피라미드 무덤에서 발견되었고, 고대 그리스, 로마시대에도 사용되었다.

현재 합판산업은 활엽수와 침엽수 합판산업으로 나누어진다. 활엽수로 제조된 합판은 활엽수의 아름다운 무늬 결로 인해 가구 및 장식, 내장용으로 주로 사용되고 있고, 침엽수로 제조된 합판은 주택의 내 · 외장재 및 건설 현장의 콘크리트 성형 등 다양한 구조용 패널로 사용되고 있다.

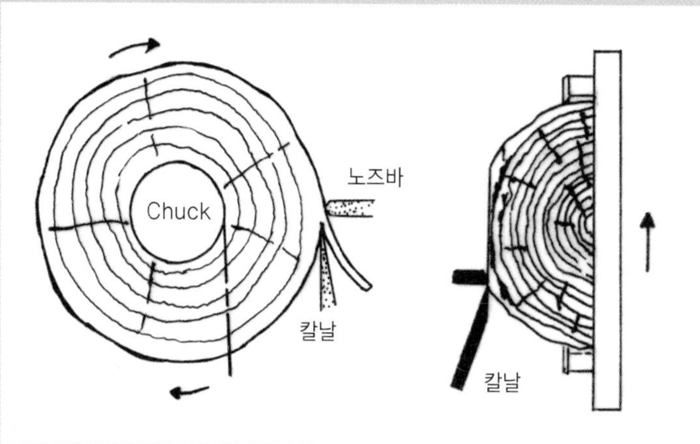

그림 4-1 | 단판절삭

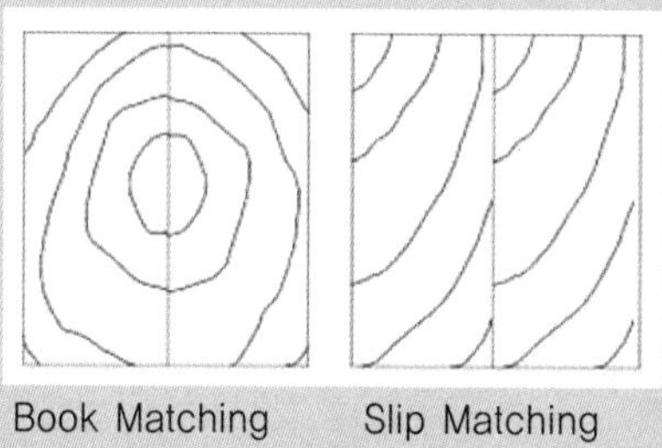

그림 4-2 | 합판 무늬결의 배열

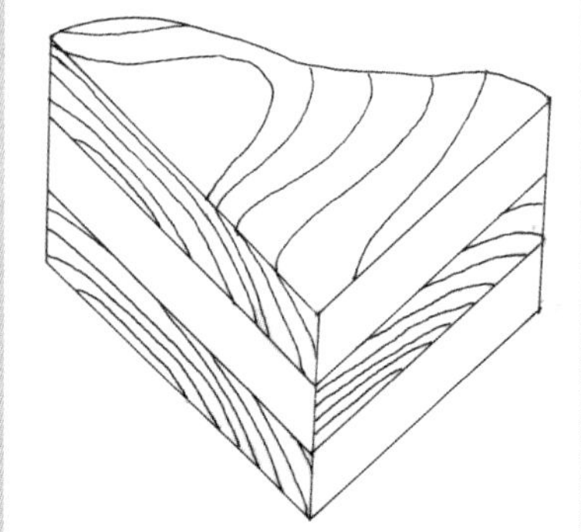

그림 4-3 | 합판의 모습
(인접된 단판 층에 대해 교차된 모습)

1.1 합판의 역사

기원전 약 1500년 전 이집트 왕의 무덤인 피라미드 벽화에서 사람이 손도끼 같은 것으로 원목으로부터 단판을 자르는 모습을 볼 수 있다. 그 당시에는 단판과 단판을 접착하기 위해 아교와 같은 접착제와 샌드백 같이 무거운 것으로 압력을 가해서 접착하였다. 18세기에 이집트 무덤으로부터 발굴된 공예품은 인류 처음으로 제조된 합판이 가구의 표면에 도포(overlay)하여 사용됐다는 것을 보여준다. 초기 그리스나 로마시대에도 합판을 사용한 것을 알 수 있다. 대부분의 역사학자는 이 시대에 합판의 사용은 합판을 가지고 있는 미적인 아름다움 때문이라고 판단한다. 그 당시에 가구에 단판이 도포 되어 있는 것은 매우 귀한 물건이었다. 이와 같이 역사적으로 이집트는 합판과 단판의 문화가 시작된 나라로 잘 알려져 있다.

1830년대 피아노 산업에서 합판을 사용하기 시작하였다. 1840년 John Dresser가 최초로 단판 절삭기계를 기술했다. 그 후, 1875년 최초의 단판 절삭기가 개발되어 산업에서 사용할 수 있었다. 19세기말 미국에서 합판은 여러 상품에 사용됐다. 즉, 문짝, 책상, 오르간, 의자, 재봉틀 그리고 기타 대부분의 가구에 사용됐다. 1905년 Lewis와 Clark박람회가 미국 Oregon주, Portland시에서 열렸는데, Portland 합판제조회사는 최초로 Douglas-fir(미송) 3매로 제조된 합판을 전시하였다.

그러나 합판의 역사도 접착제의 개발에 따라서 많이 달라졌다. 1920년까지는 합판제조에 사용하는 접착제로서 동물의 뼈에서 제조된 아교, 식물에서 기원된 콩, 카제인, 그리고 동물혈액 등이 사용되었다. 이러한 접착제는 내수성이 없어서 내장용으로 밖에 사용할 수 없었다. 그 후 1930년대, 합판의 개발 중에 가장 중요한 변혁의 하나가 요소수지 또는 페놀수지접착제 등과 같은 합성수지접착제의 도입이었다. 오늘날 가구 등에 사용하는 내장용 및 장식용 활엽수재는 경화된 후, 접착제 층이 무색을 띄는 요소수지접착제로 제조되고, 모든 주택 및 산업 구조용에 사용하는 합판은 외장용 페놀수지접착제로 접착된다.

국내 합판의 역사를 살펴보면, 1960년대에 동남아시아에서 수입한 열대산 활엽수로 합판을 제조하고 역으로 수출하여 그 당시에 국내의 수출품목 1위로서 대한민국 경제발전에 크게 기여한 산업이다. 1990년대에는 열대산 활엽수 이외에도 원목수입의 다변화로 인해 뉴질랜드산 라디에타소나무, 시베리아산 침엽수 등이 수입되어 침엽수 합판이 제조되어 목재시장에 유통되고 있고, 2001년부터 중국산 목재가 수입되어 사용되고 있고, 동남아시아, 호주 및 뉴질랜드 등의 해외조림을 통해 얻어진 열대산활엽수, 유칼리나무 등을 이용하고 있다. 또 국내에서 IMF 이후, 숲가꾸기로 발생되는 간벌재 등이 일부 사용 가능성이 제기 되었고, 2005년부터는 국산 낙엽송 원목을 사용하여서 합판생산을 하고 있다. 산림청에서는 향후 지속적인 국산 원목 공급을 추진하고 있다. 2006년을 기준으로 국내에서는 대성목재, 성창기업, 선창산업, 이건산업, 동일산업 등에서 합판을 생산하고 있고, 앞으로 국산재 원목공급이 더욱 활성화 되면, 국산원목을 이용한 합판산업은 더욱 증대될 것이다.

1.2 합판의 종류

활엽수 합판은 자작나무, 호두나무, 참나무, 단풍나무, 마호가니 등의 여러 활엽수 목재를 이용해 제조한다. 중간층은 같은 종류의 단판을 사용하지만, 보통 등급이 낮은 단판이 사용된다. 이런 활엽수 합판은 보통 멜라민을 함유 또는 함유하지 않는 요소수지접착제로 제조된다. 고온과 고압이 요소수지접착제의 반응 및 경화를 위해서 필요하다. 활엽수 합판은 내장용 및 장식용 등의 가구, 내장용 벽면재, 그리고 캐비넷 등에 사용된다. 일반적으로 국내에서 활엽수 합판은 동남아시아에서 수입된 나왕, 아피통과 같은 열대산 활엽수와 요소수지접착제로 제조된다.

침엽수합판은 1900년대 초부터 미국 북태평양연안지역에서 미송(Douglas-fir) 등을 이용해서 제조하기 시작하였고, 그 후, 1954년 미국 남부소나무(Southern Pine)을 합판제조의 원료로서 사용하기 위한 연구개발을 통해서, 1960년 초에 남부소나무를 이용한 최초의 상업적 합판공장이 미국남부지역에 세워졌다. 침엽수 합판은 주택건설에 있어서 구조재인 지붕덮개, 벽면재, 바닥재 등 다양하게 사용되고 있다. 그러나 품질 좋은 합판은 역시 가구 등에 장식용으로 사용되고 있다. 사용하는 접착제는 외장용, 구조용재로 이용할 때는 페놀수지접착제를 사용하여 고온, 고압에서 반응 및 경화된다.

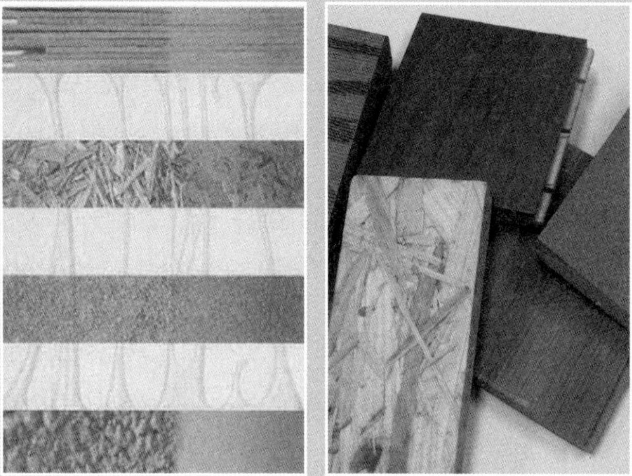

그림 4-4 | 다양한 목질패널제품의 종류

1.3 합판의 제조공정

1) 원목

합판제조에 사용되는 원목은 침엽수와 활엽수를 구분하지 않고 모두 사용하는데, 원목으로부터 단판으로 절삭하기 위해서 우선 수피를 제거하게 되고, 나무를 부드럽게 하기 위해서 더운 물에 침적시킨다. 이렇게 원목을 더운 물로 부드럽게 한 후에 절삭을 하면 원목에서 얻어지는 단판의 수율 및 품질 등이 좋아진다.

2) 단판

원목으로부터 단판을 얻기 위해서 절삭하게 되는데, 일반적으로 침엽수의 경우에는 lathe를 사용하여 단판을 얻게 되고, 활엽수의 경우에는 slicer를 통해 단판을 얻게 된다. 얻어진 단판은 침엽수의 경우에는 lathe로 원목을 돌리면서 절삭을 해서 얻어진 표면이기 때문에, 접선단면의 단판이 얻어지고, 반면에 slicer를 통한 절삭은 원목을 상하 수직으로 왕복하여 절삭하므로 방사단면의 표면이 얻어진다. 따라서 활엽수 단판의 경우에는 얻어지는 나무 무늬 결이 대칭인 단판을 얻을 수 있는 등 다양하고 아름다운 무늬 결을 얻을 수 있다.

3) 건조

원목으로부터 얻어진 단판의 함수율은 매우 높아 100% 이상이다. 따라서 함수율이 높은 단판을 접착하기 위해서 낮은 함수율로 유지해야 된다. 일반적인 목재접착제로 단판을 접착하기 위해서 단판의 함수율은 3~5% 정도로 낮게 유지해야 한다. 단판을 건조하기 위해서는 고온에서 단판 표면에 뜨거운 공기를 흘려보내 건조시켜야 되고, 일반적으로 활엽수의 경우에는 고온의 프레스기(열압기)로 건조를 시킨다. 건조과정에서 발생되는 연기는 색깔이 무색인 경우도 있고, 푸른 연기를 배출하는 경우도 있는데, 배출가스는 대부분이 탄소화합물로 구성되기 때문에, 일반적으로 인체에 유해하고, 또 앞서 배운 지구온난화에도 크게 영향을 주기 때문에, 최소한으로 배출이 억

제돼야 한다. 최근에는 대기정화법의 제정으로 대기 배출가스를 엄격히 규정하고 있어서 산업에서 배출되는 가스를 최소화하여 환경친화적으로 조절하고 있다.

4) 접착제도포

함수율이 낮게 건조된 단판은 접착제를 도포하여 퇴적시키게 된다. 전술한 것처럼 사용되는 접착제는 내장용에는 요소수지접착제를 사용하고, 외장용에는 페놀수지접착제를 사용하게 된다. 단판의 표면은 활엽수의 경우에는 도관과 같은 큰 공극이 존재하고, 침엽수의 경우에는 가도관의 공극이 노출되어 있다. 이처럼 공극이 많은 표면을 접착제로 접착하기 위해서 증량제(extender)와 충전제(filler)를 사용하게 된다. 증량제는 접착제와 함께 사용하여 접착제의 성능을 나타내주고 있는 물질로 정의 하고 있으며, 주로 밀(wheat) 같은 물질이 대표적으로 사용되고 있다. 반면에 충전제는 접착성능은 없지만, 목재단판표면의 공극을 메우는 물질로 정의 되고 있다. 요소수지접착제로 합판을 제조할 때에는 산성 경화촉매제가 사용되고 있으며, 페놀수지접착제로 합판을 제조할 때에는 알칼리성 경화촉매제가 사용되고 있다. 단판에 접착제를 가하는 방법에는 스프레이, 롤러, 커튼도포기 등이 있다. 일반적으로 접착제를 단판에 도포한 후, 열압까지 걸리는 시간은 30분 정도이다.

5) 퇴적

접착제가 도포된 단판은 3, 5 등의 홀수 층으로 퇴적시킨다. 인접된 층에 대해 나무결이 90도로 교차되게 퇴적시키고, 일반적으로 중간층의 단판은 표면층의 단판과 비교해서 다소 낮은 등급의 단판을 사용할 수 있다. 합판은 인접된 층에 대해 90도로 배열시켜서 제조되기 때문에, 제조된 합판은 성능 면에서 원목으로부터 제재한 제재목과 비교되는 좋은 성능을 보여준다. 홀수 층으로 단판을 퇴적시킨 후, 열압공정에 앞서 냉압력의 공정으로 보내져서 냉압력을 수행한다. 냉압력의 시간은 대략 3~4분 정도로서 압력은 열압력보다 낮게 유지시킨다. 냉압력은 단판간의 움직임을 적게하고, 접착제가 단판의 표면조직에 깊숙이 침투되어서, 열압력에서 좋은 접착력의 결합을 얻기 위한 것이다.

6) 열압

열압력은 합판의 제조공정 중에서 제일 중요하다. 냉압력이 끝난 후, 열압공정에서 제조공정에 따라 차이는 있지만, 120℃의 온도와 높은 압력에서 4~5분의 열압시간에서 단판과 접착제를 경화시켜 합판이 얻어진다. 열압시간이 끝나 후, 열압기로부터 나온 합판은 상당히 높은 온도를 상당 시간 유지하게 된다. 따라서 품질관리를 위해 적절히 다뤄져서 품질관리하게 된다.

7) 품질관리

열압공정으로부터 나온 합판은 각각의 합판에 대해 품질관리하게 된다. 품질관리는 접착상태, 표면의 모습 등 모든 상태를 확인하기 때문에 많은 인력이 필요해서 회사 입장에서는 가격 면에서 비싼 공정 중 하나인데, 최근에는 IT기술의 접목과 함께 품질관리를 위한 스캔시스템 등의 자동화 기계 도입으로 인건비를 절약한다. 합판표면의 흠집 등은 기계를 이용해서 제거되고 다른 단판을 이용해서 복원시켜 출하하게 된다.

원목을 lathe에 장착

Lathe에 장착 후 단판절삭

단판리본

단판절삭 후 배출

단판절삭 (Slicer)

단판재단

단판프레스건조 (Slicer 절삭 된 단판)

건조 후 단판

단판등급분류

단판의 접착제 도포 (커튼도포기)

접착제 도포 후 단판 퇴적

냉 압

열 압

합판의 품질관리 (접착상태스캔)

그림 4-5 | 합판의 제조공정

2. 파티클보드

목재가공산업에서 발생되는 다양한 부산물, 즉, 톱밥은 물론이고, 목재 잔여물, 간벌 소경재, 쓰레기로부터 분리 수거되는 폐목재 등이 파티클보드(Particleboard) 제조의 원료로서 사용될 수 있다. 모든 침엽수와 활엽수를 파티클보드에 같이 이용하여 제조할 수 있다. 이와 같이 파티클보드는 목재가공산업에서 사용하고 버려지는 잔사를 재활용하여 원료로 사용하기 때문에 제조원가가 저렴한 패널제품이다. 또 파티클보드에 사용하는 접착제 또한 저렴하고, 빠른 경화시간을 가진 요소수지접착제를 사용하기 때문에, 제조원가를 낮추는데 기여하고 있다. 그러나 요소수지접착제를 합성하는 과정에서 포름알데히드를 원료로 사용하기 때문에 반응하지 않고, 남아 있는 포름알데히드가 제조된 파티클보드의 내부에서 가스로 방출되는데, 이렇게 방출되는 가스는 밀폐된 실내공간에서 인간에게 유해하다. 포름알데히드는 1980년대 이래로 유해물질로 관심거리가 되어 왔고, 포름알데히드의 방출원인으로는 요소수지접착제의 결합된 분자구조에서 쉽게 깨어지기 때문에, 가스로 방출된다.

2.1 파티클보드의 역사

1887년 Ernest Hubbard는 톱밥과 동물의 혈액알부민에 열과 압력을 가하여 목질패널을 제조할 것을 제안했다. 1889년 Krammer는 바닥층에 아마와 중간층에 대팻밥을 놓고, 그런 후에 표면층에 다시 아마를 올려놓아서 합판과 같이 인접된 층에 대해 목재결을 교차시켜서 접착하는 방법을 소개했다. 1905년 미국인 Watson은 얇은 목재파티클을 압착하여 목질패널로 만드는 것에 대한 특허를 얻었다. 이 특허는 최근에 제조하는 flakeboard와 유사하다. 1918년 독일인 Beckman은 중간층이 칩 또는 목재톱밥으로 구성되고, 표면층은 단판으로 구성된 패널을 제조할 것을 제안했다. 이런 특수한 형태는 구조용 건축패널의 새로운 형태로 시장에 나오게 되었다.

1941년 Dyas Wood Products Industry회사는 독일 Bremen에 파티클보드 공장을 가동하여 최초의 공장으로 기록되어 있다. 그 후 1944년 미국 캘리포니아주 North Sacramento에 Hu-wood 파티클보드회사가 공장을 가동하였고, 2차 세계대전 후, 미국 South Carolina주 Wilmington시에 Southern Box & Lumber회사에 의해서 상업적인 생산이 시작되었다. 상업용 파티클보드공장의 개발은 유럽의 경우에서는 목재의 부족으로 인해 나타나게 됐으며, 반면에, 미국에서는 산업 및 제재소 등에서 발생되는 많은 양의 침엽수 잔사들에 의해서 촉진되었다.

국내의 파티클보드 역사는 합판보다는 상대적으로 늦게 시작된 산업이었으나, 원료의 수급면에서 여러 종류의 국산 간벌 소경재, 또 도시 쓰레기에서 분리 수거되는 폐목재 등을 재활용하여 사용할 수 있다는 장점으로 인해 왕성한 산업이 되었다. 현재 국내에서 대성목재, 성창산업, 동화기업, 한솔포렘, 선창산업 등에서 파티클보드를 생산하고 있고, 수입량 또한 매년 상당히 증가하고 있는 부가가치가 높은 제품이다.

그림 4-6
다양한 파티클보드와 MDF의 모습

3. MDF

중밀도섬유판(MDF, medium density fiberboard)는 목재칩을 증기와 기계적인 힘에 의해 목재섬유를 분해시켜서 얻어진 목섬유로 제조한다. MDF의 제조 공정은 에너지 집약적이다. 그래서 일반적으로 파티클보드보다는 높은 가격으로 시장에서 판매되고 있고, 제조된 MDF의 여러 장점들 때문에 MDF 성장률은 세계적으로 계속 증가되고 있는 추세이고, 국내 MDF의 경우도 증가하고 있다. 중국의 MDF 생산량은 세계시장에서 많은 양을 차지하고 있으며, 소비량 역시 대단해서 우주의 블랙홀로 표현하고 있다. 요소수지접착제로 제조된 MDF는 가구제조의 원자재로 사용되고 있고, 페놀수지접착제로 제조된 MDF는 외장재로 사용되고 있다.

3.1 MDF의 역사

세계 최초의 MDF 공장은 1965년 미국 New York주 Deposit 시에 세워져서 가동되었고, 이곳에서 생산된 MDF는 Baraboard라는 상호로 시장에 소개되었다. 1970년대 이래로 MDF의 세계적인 소비량은 빠르게 증가하고 있다.

현재 국내에서 MDF는 인천에 위치한 대성목재, 선창기업, 동화기업, 포레스코, 전라북도 익산과 군산지역에 위치한 한솔 포렘, 유니드 및 부산지역에 위치한 성창기업 등에서 생산하고 있다. 2002년에 인천 최대의 제재소인 (주)광원목재가 MDF공장을 경기도 평택에 생산설비를 완료하여 가동하고 있어서, 국내의 MDF 생산공장은 전국 12곳이고, 생산량도 매우 크다.

2008년 중국에서 146개의 MDF공장이 가동 중에 있으며 1년 생산량은 5,422,000 m^3에 이른다. 미국에서 19개의 MDF공장에서 1년에 MDF 3,206,700 m^3를 생산하고 있고 캐나다에서 7곳의 MDF공장에서 1년에 1,463,650 m^3를 생산한다. 호주에서 4개의 MDF공장에서 매년에 780,000 m^3의 MDF를 생산하고 있고 인도네시아에서 7개의 MDF공장에서 매년에 528,000 m^3을 생산하고 있다. 스페인은 8곳의 MDF공장이 가동 중에 있고 영국, 러시아, 독일, 프랑스, 포르투갈, 터키 등 유럽 22개 국가의 1년 MDF생산량은 10,578,000 m^3에 이른다.

4. OBS

북미에서 최초로 시작된 상업용 OSB(Oriented Strandboard)생산은 원료로서 오대호지역에 분포하는 백합나무(Aspen)와 남부소나무를 사용하여 제조된다. 미국 남부지역에 분포하는 남부소나무로 OSB를 제조할 때, 활엽수종을 대략 15% 정도 혼합하여 제조하고 있다. OSB는 합판과 같이 주로 구조용재로 사용하기 때문에, 사용하는 접착제 또한 페놀수지접착제와 PMDI(Polymeric Methylene Diphenyl Diisocyanate) 수지접착제를 사용한다. OSB제조에 사용하는 목재의 크기는 보통 폭 0.5 inch, 길이 2~3 inches 그리고 두께 0.025 inch 크기인 스트랜드 형태로 절단된다. 절단된 스트랜드에 접착제가 첨가된 후에, 표면층은 패널의 길이 방향으로 그리고 중간층 스트랜드는 표면층에 대해서 수직으로 배열시켜서 합판과 유사하게 형성된다. 그런 후, 고온과 고압에서 반응 및 경화시켜 제조한다. 제조된 OSB는 상대적으로 합판과 유사한 성능을 지닌 외장재이며, 마루판, 벽면, 그리고 지붕덮개패널과 같은 건축용재로 폭넓게 사용된다.

OSB의 제조는 MDF보다 덜 에너지 집약적이고, 외장재로서 그것의 성질은 파티클보드보다 우월하다. 그러나 OSB는 합판과 비교하여 나쁜 치수안정성과 거칠은 표면 성질은 가구제조에 사용하는 원자재로서의 이용에 한계를 나타내준다. 그러나 지속적인 기술혁신으로 이런 단점을 극복하였고, 제조에 사용하는 원료 면에서 원목은 물론, 간벌 소경재 등도 이용 가능하기 때문에 합판과 비교해서 제조원가면에서 경쟁력이 있다는 장점으로 세계적으로 OSB생산은 계속 증대되고 있다.

4.1 OSB의 역사

OSB의 상업적인 제조는 1980년 초에 시작 되었지만, 1946년 Armin Elmendorf는 처음으로 고온과 압력으로 목재조각으로부터 OSB제조를 제안하였다. 1975년 Portlatch 회사는 미국 Idaho주 Lewiston에 복합패널 합판의 중간층으로 사용되는 얇은 두께(6㎜)의 OSB 제조를 위해서 공장을 가동하였다. 1979년 Bison 회사는 독일 Bevern에 최초의 상업용 OSB공장을 가동하였다. 1980년 Georgia-Pacific 회사는 표면층은 침엽수 단판과 내부는 목재 스트랜드로 구성된 구조용 패널을 제조하기 위해서 미국 마루판시장에 Structurwood®를 또 1988년에는 가구제조의 원자재시장에 Structurframe®을 각각 소개하였다. 1987년 미국에서 OSB생산의 선두주자인 Louisiana-Pacific 회사는 OSB제품으로 외장벽면재인 Inner-Seal®을 시장에 출시하였다.

그 후, 1991년까지 미국에서 28개의 OSB제조 공장이 가동되었고, 캐나다에서 13개의 공장이 가동되었다. 1991년 전체적인 북미의 연간 OSB의 생산용량은 7.5×10^6 m³ (8.5×10^9 ft², 3/8-inch basis)이다. 미국에서 합판을 포함하여 생산된 구조용 패널은 21.5×10^6 m³ *(24.3 billion ft², 3/8-inch basis)*이고, 이중에서 OSB는 5×10^6 m³ *(5.6×10^9 ft², 3/8-inch basis)*을 차지하고 있으며, 비율로는 대략 23%이다. 이렇게 OSB 생산의 거대한 성장은 미국과 캐나다에서 가장 큰 것으로 오직 십여 년 만에 이뤄진 것이다. 1990년 미국합판협회 (American Plywood Association, APA)는 2000년까지 구조용 합판시장을 잠식할 정도로 OSB생산이 증가될 것으로 예상했고, 2000년에 북미의 구조용 패널시장의 25%를 점유했다.

2000년 미국에서 64개의 OSB공장이 가동 중에 있었고, 생산량은 20.7 billion ft², 3/8 inch basis이다. 2001년 OSB 생산량은 21.5 billion ft², 3/8 inch basis이다. 유럽의 경우에는 1985년 프랑스에서 처음으로 상업용 OSB공장이 가동되었고, 영국의 스코트랜드와 아일랜드에 OSB공장이 설치되었다. 그 후, 1995년 폴란드에서 세계 최초로 연속 열압기를 사용하는 OSB 공장이 가동되기 시작하였다. 아시아지역에서 OSB제조는 중국, 인도네시아, 일본 등에서 공장을 가동하였고, 남미에서 베네주엘라, 브라질, 칠레, 유럽에서는 독일, 룩셈부르크, 벨기에, 불가

리아 등에서 공장을 가동하고 있다. 그러나 2013년을 기준으로 국내에서는 아직 OSB공장 설립에 대한 계획이 없는 상태이다.

결국, 1980년부터 30년 동안에 세계 여러 나라에서 OSB 공장이 가동되고 있는데, 그 이유는 소경재 등과 같은 저가격의 목질자원을 이용하여 합판과 같이 성능 면에서 유사한 높은 강도를 지닌 경쟁력 있는 목질패널을 생산함으로써 이런 성장을 하게 되었다.

그림 4-7
구조용 복합패널

5. 마루판

국내에서 유통되고 있는 마루판의 종류에는 합판마루, 강화마루, 원목마루 등이 있는데, 2002년을 기준으로 합판마루판의 시장규모가 가장 크고, 다음으로 강화마루와 원목마루의 순이다. 그림 4-8은 합판마루판의 모습을 보여준다. 합판마루판의 경우에는 합판제조방법으로 제조되고 있으며, 표면에 흠집방지를 위한 코팅처리를 한다. 이렇게 합판과 합판마루판의 차이점을 구분할 수 있다. 강화마루의 경우에는 앞서 설명한 MDF와 유사한데, MDF보다 밀도가 더 높은 HDF(High density fiberboard)로 제조된다. MDF는 중밀도인데 비해 HDF는 고밀도 패널제품이다. 합판마루판과 같이 강화마루도 역시 HDF에 표면의 흠집방지를 위해서 코팅을 한 제품이다. 최근, 이런 합판마루판, 강화마루판, 등의 온돌 목질마루판 제품 등이 우리들의 주거생활에서 장판을 대신하고 있고, 이런 추세는 계속 증가될 것으로 기대된다.

그림 4-8
합판 마루판

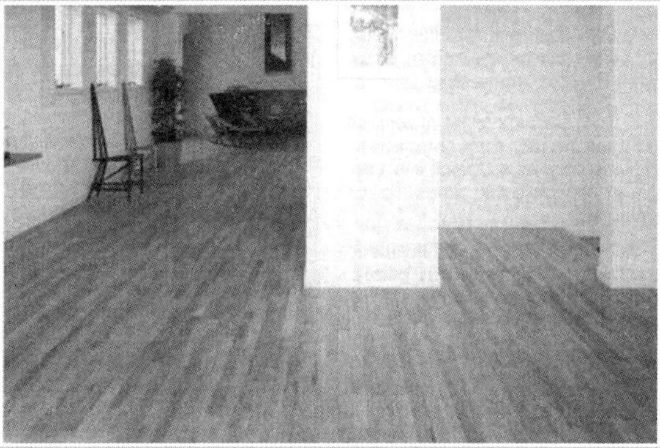

그림 4-9
마루판

6. 농작물 짚보드

1945년 이래로 미국에서 목재가공산업은 725종의 곡식 종류에 대해 포괄적인 연구개발수행을 해왔고, 이런 곡식 종류가 목질패널제품과 같은 짚보드 제조에 적합하다는 것을 확인하였다. 이처럼 농작물 짚화이버가 구조용 패널제조에 적합하다. 북미에서 가장 많이 사용하는 3종류의 곡물로는 밀, 보리, 사탕수수이다. 미국 오레곤주 알바니시의 메도우드회사는 1977년 이래로 ryegrass(독보리)을 이용하여 구조용 짚보드을 생산하고 있다.

2000년에는 북미에 21개의 회사가 농작물 짚화이버로부터 짚보드를 생산하고 있으며, 이런 종류의 짚보드 제조회사는 계속 증가될 것으로 예상된다. 결국, 국내의 취약한 목재자급율을 고려해 볼 때, 목재가공산업의 원료로 다양한 일년생 농작물 짚의 이용은 21세기의 지속 가능한 친환경자원을 활용한다는 측면에서 바람직한 모습으로 평가하고 있다. 그러나 이런 자원을 활용하기 위해서는 목재접착제 등의 개발 등 다양한 기술개발이 요구된다.

그림 4-10
짚보드에 사용하는 원료

표 4-1 | 북미의 농작물 짚보드 제조회사의 현황 (2002년 기준)

회 사	지 역	생산용량(Mm³)	시작년도	원 료
Meadowood	Albany, OR	<1	'77	Rye Grass
PrimeBoard	Wahpeton, ND	53	'95	Wheat
Prairie FP	Hutchinson, KS	11	'97	Wheat
Acadia	New Iberia, LA	33	'99	Bagasse
AgraFiber	Wanham, ALT	55	'99	Fescue Grass
FiberTech	Colusa, CA	40	'99	Rice
Forestburg	Forestburg, ALT	25	'99	Wheat
Isobord	Elie, MAN	230	'99	Wheat
Phenixbiocomp	Mankato, MN	71	'99	Soybean/Wheat
Stramit USA	Perryton, TX	-	'95	Wheat
Agriboard	Electra, TX	5	'96	Wheat
Hawaiian Sugar	Puunenne, HI	25	'00	Bagasse
Pacific NW Fib	Plummer, ID	20	'00	-
Goldboard	Finley, ND	350	-	Wheat
CAl Agriboard	Willows, CA	75	-	Rice
Dakota Agribd	Heborn, ND	-	-	Wheat
Enviroboard	Colusa, CA	30	-	Rice
HarvestBoard	Atwood, KS	250	-	Wheat
Isobord	2 sites	450	-	-
NW Strawboard	Pasco, WA	-	-	-
Parkland Strbd	Kamsack, SAS	30	-	Wheat

자 유 토 론

1. 국내 합판산업의 발달과정에 대해 알아봅시다.
2. 단판의 절삭방법과 단판의 무늬 결에 대해 조사해 봅시다.
3. 파티클보드와 화이버보드의 차이점은 무엇인가요?
4. OSB의 원료가 되는 스트랜드는 크기가 어느 정도입니까?
5. OSB의 발달과정에 대해 토론해 봅시다.
6. 파티클보드와 MDF의 용도에 대해 조사해 봅시다.
7. 현재 국내에서 사용되고 있는 마루판 제품에 대해 알아봅시다.
8. 목질패널제조에서 농작물 짚의 이용에 대해 논의해 봅시다.

| 참고문헌 |

1. Falk, R. H. 1997. The Use of Recycled Wood and Paper in Building Applications. Proceedings No. 7286. Forest Products Society. 222pp.
2. FPS. 2000. Use of Agricultural Fibers in the Manufacture of Composite Panels. Proceedings No. 7259. Forest Products Society. 167pp.
3. Hamel, M. P. 1989. Composite Board Products for Furniture and Cabinets: Innovations in Manufacture and Utilization. Proceedings No. 47357. Forest Products Research Society. 107pp.
4. Kollmann, F. F., Kuenzi, E. W. and Stamm, A. J. 1975. Principles of Wood Science and Technology. II. Wood Based Materilas. Springer-Verlag. 703pp.
5. Laborsky, P. Jr., Yobp, R. D., Janowiak, J. J. and Blankenhorn, P. R. 1993. Effect of steam pressure refining and resin levels on the properties of UF-bonded red maple MDF. Forest Products J. 43(11/12):82-88.
6. Maloney, T. 1977. Modern Particleboard & Dry-Process Fiberboard Manufacturing. Updated Ed. Miller Freeman Inc. San Francisco. 688pp.
7. Marra, A. A. 1992. Technology of Wood Bonding: Principles in Practice. Van Nostrand Reinhold. New York. 454pp.
8. Moslemi, A. A. 1974. Particleboard. Vol. I. Materials. Southern Illinois Univ. Press. 244pp.
9. Moslemi, A. A. 1974. Particleboard Vol. II. Technology. Southern Illinois Univ. Press. 245pp.
10. Oliver, J. F. 1981. Adhesion in Cellulosic and Wood-Based Composites. Plenum Press. 261pp.
11. Rowell, R. M., Laufenberg, T. L. and Rowell, J. K. 1992. Materials Interactions Relevant to Recycling of Wood-Based Materials. Materials Research Society. PA. 306pp.
12. Rowell, R. M., Kawai, S. and Inoue, M. 1995. Dimensionally stabilized, very low density fiberboard. Wood and Fiber Science 27(4): 428-436.
13. Sellers, T. Jr. 1985. Plywood and Adhesive Technology. Marcel Dekkeer, Inc. New York. 661pp.
14. Spelter, H. 1988. Technology's input: plywood mill economics. Plywood and Panel World 29(2):18-20.
15. Suchsland, O. and Woodson, G. E. 1986. Fiberboard Manufacturing Practices in the United States. Agriculture Handbook No. 640. USDA. 623pp.

나무의 이해

05

목재와 생활환경

1. 가 구

1.1 가구의 역사

인간이 맨 땅에 앉는 것보다는 쓰러진 나무 위에 앉는 것이 쉽고, 편해서 나무를 이용하여 가구를 만들기 시작했다고 전해지고 있으며, 이렇게 만들어진 가구는 앉아서 쉬고, 음식을 먹고, 귀중한 것을 보관하고, 잠을 자는데 사용되고 있다. 결국, 쓰러진 나무는 그 자체로 의자를 제공해주고, 윗면을 평평하게 만들면, 편안하게 이용할 수 있는 탁자가 된다. 따라서 가구의 발생은 인간이 일정지역에 정착하여 삶을 영위하게 됨에 따라서 주거공간의 필요와 함께 자연스럽게 발생되었다. 그러나 고대 이집트시대의 고분에서 발견된 벽화에서 가구를 제작하는 모습을 볼 수 있는데, 이렇게 인류의 역사에서 나무를 이용한 가구의 제작이 오래전부터 사용되어 왔는데, 가구제작은 시행착오적인 방법에 의해 수행되어왔다. 장부연결부(mortise-tenon joint)는 이집트의 유물에서 볼 수 있는 연결부로서 가장 오래됐고, 현재 가구제작에도 많이 사용되고 있는 연결부이다. 그 후, 산업의 발달과 함께 자연과학의 발달로 체계적인 이론이 확립되기 시작하여 1960년대부터 가구디자인 이론이 확립되기 시작하면서 빠르게 발달되기 시작했다. 1970년대 컴퓨터의 도입으로 가구디자인 이론은 더욱 발전하여 대량 생산을 위한 기틀을 만들게 됐다.

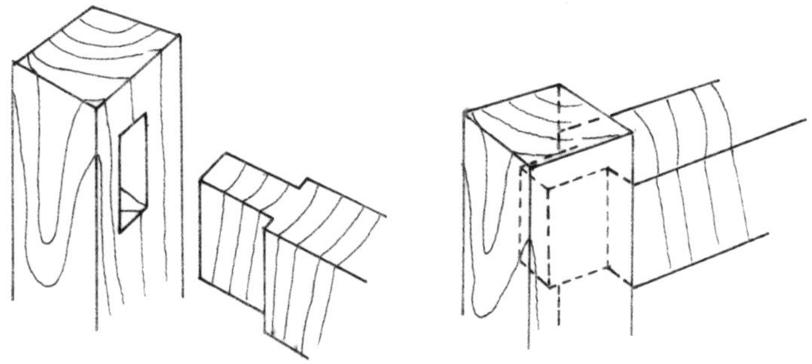

그림 5-1 | 장부연결부

1.2 가구디자인의 원리

1.2.1 디자인 종류 | 가구를 만들기 위해서 고려해야 될 3가지 설계분야는 다음과 같다. 첫째로, 가구에 있어서 가장 중요한 분야가 바로 미적인 디자인(esthetic design)이다. 예를 들면, 아름다운 모습의 구조형태가 소비자에게 구매의 충동을 일으키고, 문화적으로 삶을 풍요롭게 해준다. 두 번째는 기능적인 디자인(functional design)이다. 즉, 구조설계가 의도된 기능을 수

행할 수 있어야 한다. 마지막으로 공학적인 디자인(engineering design)이다. 즉, 구조설계로 제작된 가구가 소비자가 구매해서 사용할 때, 가해지는 하중에 대해 오랜 기간 동안 안전하게 견딜 수 있어야 된다.

1.2.2 공학적인 디자인 원리 | 가구의 공학적인 디자인은 다른 구조물을 디자인하는 것과 유사하게 다음과 같은 과정에 따른다. 첫째, 소비자가 오랜 기간 동안 사용 중에 가해질 하중을 측정한다. 둘째, 구조물에 가해지는 하중에 견디는 충분한 부품의 크기를 평가한다. 셋째, 외부에서 가해지는 하중에 대해서 역으로 구조물 내에서 발생되는 내부응력(internal forces)의 양과 분포의 정도를 분석한다. 넷째, 만약 필요하다면 구조물

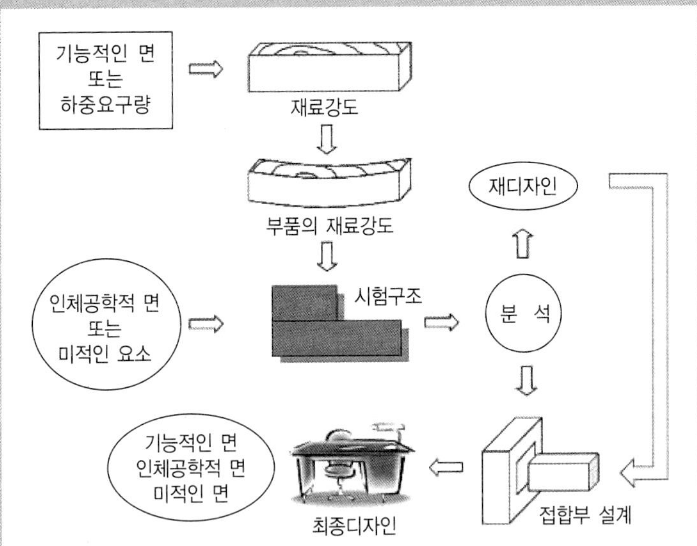

그림 5-2 | 가구디자인의 원리

을 재설계하고, 어떤 부분에서 과도한 응력을 받지 않도록 두 번째에서 네 번째의 단계를 반복해서 고려해 본다. 다섯째, 접합부를 설계해서 사용 중에 발생되는 외부하중에 대한 내부응력에 안전하게 유지될 수 있도록 한다.

1.3 가구의 발달

가구에 사용하는 주원료인 목재를 보면 원목을 기계톱으로 제재한 제재목을 사용하였고, 활엽수 위주의 무늬 결이 좋고 강도면에서도 단단한 원목을 사용하였고, 간혹 침엽수도 양질의 목재는 사용하였다. 그 후, 목재가공기술의 발달과 함께 상대적으로 좋은 활엽수 원목을 이용하다가 차츰 그전까지는 사용할 수 없다고, 인식되어 온 질이 낮은 활엽수 원목의 이용이 가능하여졌다. 이런 결과는 목재가구제작의 경쟁력 확보에 크게 기여 할 수 있었다. 1990년대부터는 목재가구제작의 원료로서 합판, OSB 등이 책상, 테이블 등은 물론이고, 소파의 골격 등에도 많이 사용되고 있어서 목재가구산업의 발달에 크게 기여하고 있다. 결국, 목질패널제품이 목재가구제작에 많이 이용되고 있는 실정이다

그림 5-3 | 먹감나무로 제작된 전통가구(영남대학교 박물관)

그림 5-4 | 거실 가구

그림 5-5
원목의 일부를 OSB로 대체한 소파의 골격

우리의 전통목가구는 주재료인 목재의 고유한 무늬결과 배치공간에 따라 색채의 정도를 고려하여 재료를 선택, 제작하였다. 주로 이용된 목재는 그 당시 생활주변에서 쉽게 얻을 수 있는 느티나무, 회화나무, 오동나무, 물푸레나무, 가래나무, 소나무 등이 사용되었다. 조선시대의 가구는 안방가구, 사랑방가구 및 주방가구 등 3가지로 대별된다. 이것은 전통적 생활양식인 남녀유별의 관념에서 비롯된 것으로 여성과 남성의 생활공간을 뚜렷하게 구분하여 공간과 기능에 맞게 전통가구가 변화 및 발전된 것을 볼 수 있다. 특히, 그 당시의 전통목가구는 주재료인 나무의 무늬 결을 이용해서 다양한 용도로 제작되었다.

한편, 전통목가구는 지역에 따라 다양한 모습을 보여준다. 그림 5-3은 먹감나무로 제작된 전통가구인데 아름다운 모습을 볼 수 있고, 그 당시에 어떻게 저렇게 아름다운 가구를 만들 수 있었을까하는 감탄을 하게 될 정도로 정교한 모습에서 우리 조상의 지혜와 세련된 장인 기술을 볼 수 있다. 특히, 전통가구의 중심에서 좌우 대칭의 무늬 결 배열로 제작된 모습에서 그 당시의 절삭도구가 현재의 기계적인 절삭도구가 아니었다는 것을 고려해보면, 어떻게 저런 훌륭한 가구를 생산할 수 있었을까 실로 존경과 탄성을 하지 않을 수 없다. 이렇게 우리 조상들이 목재를 다루는 기술을 보면서 쉽게 터득할 수 없는 장인 정신을 볼 수 있다고나 할까 또다시 우리 전통가구의 우수함을 볼 수 있다.

전통목가구의 종류에는 반닫이, 장롱, 문갑장, 함 등이 있는데 이들 가구에는 사람들의 소망을 담은 상징적인 문양 장식들을 볼 수 있다. 이들 문양은 금속장식인 경첩, 손잡이, 자물쇠 등에 새겨져 있는데, 동물, 식물, 물질, 글자, 자연물, 기하학 문양 등으로 구분한다. 결국, 이들 가구는 사람의 한평생과 같이 한다고 해도 과언이 아니다. 가구들은 음식을 운반해서 먹고, 중요한 물건 등을 보관하는 것은 가정의 건강과 재산을 지켜주는 역할을 한다고 말할 수 있다.

이와 같이 전통사회의 생활가구로서 전통목가구의 범위는 광범위한데, 현재의 우리 주거생활환경에서 이용하기에는 어느 정도 부합하지 못하고 있는 실정이다. 간혹 가정의 유물로 전해 내려오고 있고, 또는 취미로 전통목가구를 수집, 보존하는 경우도 있지만, 그 수는 시간의 흐름과 함께 감소하는 추세이다. 따라서 실질적인 소비가 발생되지 않기 때문에 일부 소수 기술자들에 의해 명맥이 유지되고 있다.

그림 5-4와 같은 현대식 가구는 화려하고 쉽고 편하게 사용할 수 있어서 모든 소비자로부터 구매의 충동을 느끼게 한다. 그렇다면, 이런 현대식 가구는 르네상스나 대영제국 등의 화려한 문화를 배경으로 하고 있다. 그 당시의 귀족들이 사용하던 가구를 현대식에 맞도록 대량 생산하여 현재의 중산층들이 쉽게 구매할 수 있도록 한 것이다. 현대식 가구의 주원료인 목재를 보면, 과거에는 원목으로부터 제재한 판재를 사용했는데, 파티클보드나 MDF 등의 값싸고 강도 면에서도 판재와 유사한 목질패널제품을 사용하여 저가격의 제품을 생산함으로써 전 세계국가의 중산층이 쉽게 구매할 수 있게 된 제품이다.

최근 한류열풍은 드라마, 영화 및 대중가요에서 크게 영향을 주고 있다. 우리의 전통목가구는 아직 여러 이유로 인해 대중성을 띄고 있지 못하다. 이제 시대적인 흐름과 함께 전통목가구가 중산층들이 쉽게 이용할 수 있는 제품이 되길 바란다.

2. 종 이

2.1 펄프

목재로부터 펄프를 얻기 위해서는 우선 원목으로부터 작은 크기의 칩 (chip)으로 절단시켜야 된다. 목재는 춘재와 추재 및 변재와 심재로 구성되어 있다. 원목으로부터 칩이 얻어진 부위에 따라서 목재를 구성하는 셀룰로오스, 헤미셀룰로오스 및 리그닌의 양이 다르다. 결국 리그닌이 많이 함유된 부위가 존재하게 된다. 펄프는 나무의 리그닌을 제거하여 얻어지게 된다. 나무가 성장과정에서 세포는 딱딱하게 목질화 되는데, 이 과정에서 리그닌성분이 많아지게 된다. 목재에서 리그닌을 제거하기 위해 화학약품을 사용해서 리그닌을 분해하고, 반면에 셀룰로오스와 헤미셀룰로오스의 분해는 최소화시켜 펄프를 얻게 되는 것이다. 따라서 리그닌을 분해하기 위한 화학약품의 종류와 분해방법에 따라서 펄핑의 방법 또한 다양하다.

그림 5-6
한지의 원료 피닥

2.2 종이의 발달

종이는 정보를 기록하는 수단이자 의사를 전달하는 도구로서 역할이 크다. 개인 사이의 편지, 어려움을 알리는 것 등에 자신의 의사를 알리는 것에 사용됐다. 만약 이렇게 유용하게 사용되고 있는 종이가 없다고 상상한다면, 우리의 생활은 얼마나 불편하고 답답할지 쉽게 알 수 있다.

이집트시대에서 파피루스를 이용하여 종이를 만든 것을 알 수 있다. 파피루스는 나무가 아닌 지금의 갈대와 같은 것에서 종이의 원료인 펄프를 생산하여 종이로 제조한 것을 알 수 있다. 그 후, 종이는 목재의 주된 성분 중에서 리그닌을 분해하여 얻어진 펄프로부터 종이를 제조하게 된다. 따라서 종이는 주로 셀룰로오스로 만들어진다. 종이를 얻기 위한 목재는 침엽수보다는 활엽수로 이용하기 시작하였다. 일반적으로 전술한바와 같이 침엽수에는 송진을 함유한 나무가 있다. 예를 들면 소나무가 대표적인데, 이렇게 송진을 함유한 나무는 기술적으로 펄프를 얻기에 어려움이 있다. 따라서 활엽수를 이용한 펄프의 생산이 보편적이었고 그 후, 펄프기술의 발전과 함께 침엽수의 사용이 조심스럽게 이용되고 있다. 그러나 좋은 목재로 알려진 참나무에서 얻어진 양질의 펄프는 고급스런 잡지의 원료가 되는 종이로 사용되고 있다. 실제로 미국 미시시피주와 알라바마주에서 생산되는 참나무를 국내에 도입해서 펄프로 생산하여 종이를 만들고 있고, 이렇게 만들어진 종이는 우리의 생활에서 많이 사용되고 있다.

최근에는 일년생 농작물 짚 등과 같은 목재이외의 식물성 화이버를 이용해서 펄프를 제조하고 종이의 원료로 사용하고 있는 실정이다. 이런 모습은 목질패널제품에서 목질자원을 이용하지만, 기타 농작물 짚을 이용하는 것과 비슷한 경향을 볼 수 있다. 국토의 많은 부분이 산림인 우리의 현실을 볼 때, 지속적으로 산림을 잘 가꾸고, 또 한편으로 목재를 대체할 수 있는 식물성 화이버 자원을 생산할 수 있는 정책으로 나아가야 한다. 세계는 세계무역기구와 자유무역 등의 조약으로 무한 경쟁시대에 돌입해서 우리의 생활주변에서 많이 사용되고 있는 목재 등의 자원을 쉽게 수입하여 사용할 수 있다는 생각이다. 그러나 자원은 어느 순간 쉽게 조달하기 어려울 수 있고, 어느 정도는 자급자족을 할 수 있어야 된다는 개념에서 다양한 자원의 개발 및 축적이 필요하다.

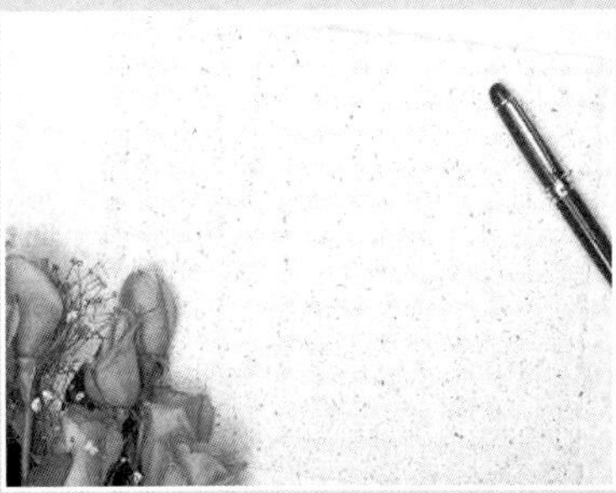

그림 5-7 | 종 이

그림 5-8 | 한지 의상

2.3 종이산업

펄프로부터 종이를 제조하게 되는데, 종이의 제조공정은 우선 펄프를 잘 풀어지게 하여 종이의 색깔 등을 위한 염료첨가 등의 과정과 실제 종이를 만들기 위한 미세한 와이어 망에 균일하게 분사시켜서 펄프에 흡수된 물을 탈수하고, 건조기로 건조시켜서 종이를 만들고, 종이표면에 백색도, 잉크흡수의 균일성, 표면강도 등에 대해 검사를 하여 제품으로 출하하게 된다.

선진국일수록 종이의 소비는 다양해서 많고, 후진국일수록 종이의 소비는 적다. 특히, 최근 중국의 종이 소비는 매우 커서, 세계시장으로부터 구매량이 늘고 있다. 종이를 제조하기 위한 펄프는 원유와 같이 세계시장에서 구매하기 때문에, 환율에 민감한 제품이다. 문구용품 등 구매할 수 있는 다양한 종이에서부터 화장용 종이 등 종이의 종류와 용도는 다양하다. 종이의 소비는 아날로그시대에서 21세기 디지털시대로 전환되면서 사무실에서 컴퓨터를 이용한 전자결제 등으로 종이는 생활 주변에서 그 사용량이 감소할 것으로 예상하고 있다. 그러나 문화가 발달됨에 따라서 종이의 소비는 오히려 증가하고 있는 경향이다.

최근, 우리 고유의 종이인 한지를 이용해서 옷에 사용하는 옷감으로 사용되고 있다. 결국 천연섬유를 이용하여 옷을 제조하기 때문에 화학섬유로 구성된 옷과는 현저히 구별되는 모습이다. 그러나 이런 우리 고유의 한지를 만들 수 있는 원료인 닥나무는 많은 양을 수입에 의존하고 있다. 따라서 정책적인 배려로 한지산업이 세계적으로 발전하기를 바란다.

3. 한옥과 나무

3.1 한옥의 구조

조선시대의 가옥인 한옥은 사회적 지위와 부유한 상류층의 주택으로 솟을대문이 있다. 이런 상류층의 주택은 경제적으로 여유 있는 사람들이 규모 있게 크게 지었으며, 한옥의 장식에는 섬세함이 장식되어 대개의 상류층 한옥은 주택의 기능적인 면에서 뿐 아니라 예술적인 가치가 있는 집들인 것을 알 수 있다. 그러나 신분이 다소 낮은 서민이라도 재력이 있으면, 규모가 어느 정도 있는 중류층의 한옥에서 살 수 있었으며, 양반과 같은 상류층 중에도 경제력이 빈약한 사람들은 검소한 서민 한옥에서 살았다.

백성의 집을 뜻하는 민가는 일반적으로 중·하류층의 일반 서민들이 살았던 집이다. 초가지붕은 민가를 상징할 정도로 가장 흔히 쓰인 서민주택의 지붕형태이다. 민가의 형태는 기후적, 정서적인 여건 등을 고려해서 크기나 양식이 달랐고, 특히 기후의 영향으로 지방마다 다른 특색을 지닌다. 서민들은 경제적으로 풍요롭지 못했기 때문에, 집의 기능적인 면만을 고려해서 방과 대청, 부엌 등으로 구성된 단순한 구조의 집이다.

그림 5-9
민가 (영남대학교 민속원)

3.2 한옥의 분류

한옥을 기능적으로 분류하면 대청, 사랑채, 찬방 및 부엌 등으로 구성된다. 대청은 안채의 안방과 건넌방, 사랑채 앞의 넓은 마루를 말한다. 이렇게 대청이 열린 공간이라고 한다면, 방은 문으로 안이 보이지 않는 폐쇄된 공간으로서, 잠을 자고 식사와 휴식을 취하는 곳이다. 한옥의 방은 따뜻한 온돌이 있어서 앉아 지내는 좌식생활을 하도록 되어있는 공간이다. 신발을 벗고 들어가 온돌바닥에 앉아서 생활하였다. 방의 내부는 벽지와 천장지를 발랐으며, 바닥은 장판지로 깔끔한 모습이다. 사랑채의 사랑방은 방문한 손님을 대접하는 장소로 쓰였고, 자녀들에게 학문과 교양을 교육하는 장소이기도 하였다. 찬방은 찬마루라고도 하는데, 현재의 부엌방 또는 다용도실에 해당하는 공간으로 부엌과 인접한 공간으로서, 부엌과는 문으로 연결되어 있기 때문에, 부엌에서 조리된 음식을 이곳에서 준비하여 안방, 사랑방 등으로 가져갔다.

부엌은 아궁이에 불로 각종음식을 조리하는 공간으로 안채에 안방과 바로 인접하여 위치하였으나, 상류층의 집에는 반빗간이라고 해서 별채로 독립시켰다. 전통한옥의 부엌은 음식을 만드는 작업 등을 고려해보면 매우 불편한 구조이다. 부엌에는 온돌구조로 인해 2~4개의 아궁이가 있고, 부뚜막에 솥을 걸어두었다. 아궁이는 안방과 인접한 벽쪽에 설치하여 음식물을 조리하면서 동시에 온돌방을 데우도록 하였다. 부엌은 주택의 규모에 따라 안방과 건넌방에 각각 위치하는데, 안방과 인접한 부엌이 주된 조리 공간이었으며, 건넌방의 것은 물을 데우기 위한 보조 공간이다.

3.3 집안의 나무

홍만선(1643~1715)의 저서 '산림경제'에서 집안에 나무를 심을 때, 장소와 수종의 선택에 대해 다음과 같이 소개하고 있다. 예를 들어, 대추나무는 서쪽에 심었을 때, 자손이 번성하고, 집안의 가축이 잘 자란다. 또 느릅나무는 집 뒤에 심어야 가정에 복락을 누릴 수 있고, 회화나무는 중문에 세 그루 심으면, 집안 대대로 부유해진다. 이와 같이 나무의 선택과 위치 등에 대해 적절하게 묘사하고 있다. 비록, 이런 나무선택과 배식방법이 현재 과학적으로 검증된 것은 아니기 때문에, 이렇게 나무 심는 것을 따라할 필요는 없다. 그러나 나무 심는 우리 조상들의 지혜를 여러 모습으로 잘 나타내고 있다.

이처럼 과학적인 근거는 없지만, 집안에 지나치게 키가 크게 자라고, 가지가 무성한 나무를 심으면, 집안의 공기 흐름을 막고, 그늘이 생겨서 좋지 않고, 대나무와 같이 뿌리가 튼튼하고, 땅 깊숙이 잘 뻗는 나무를 심으면, 지반에 틈새가 생겨 건물의 안전에 영향을 미칠 수 있어 되도록 피하였다.

대추, 밤, 감 등의 유실수는 과실을 맺는 나무이다. 일반적으로 나무는 꽃이 필 때, 비바람이 불면, 수정이 잘되지 않아 많은 열매를 맺지 않으나, 대추나무는 흔들릴수록 결실이 잘돼 많은 흔들림이 있어도 자손이 잘 번성하기를 바라는 뜻에서 대추를 많이 사용하고 있다. 또 밤은 다른 식물과 달리 떡잎이 먼저 나오지 않고, 뿌리를 먼저 내리게 하고, 뿌리에서 줄기가 나온 후, 잎이 나오듯 자신을 전적으로 희생하면서 자식들을 뒷받침하면서 길렀기 때문에 잘 전해오고 있다. 이처럼 우리 조상들은 나무 한 그루 심는 것과 그 열매 한 알을 이용하는데도 깊은 지혜와 더 나아가 철학이 깃들어 있음을 보니 놀라울 뿐이다.

그림 5-10 | 한옥 마을 (영남대학교 민속원)

4. 목재와 주거생활

4.1 주거생활에서 목재의 이용

우리의 주거환경은 전술한 것과 같이 우리의 전통 주거문화인 한옥과 민가의 형태에서 양옥의 모습으로 발전되어 왔다. 그 후 1970년대 경제발전과 함께 토목건설기술도 발전하여 저층 아파트시대를 거쳐 고층 아파트시대를 열었다. 이런 아파트문화는 산업화에 따른 도시인의 주거문화의 상징이면서 대한민국 중산층의 삶의 기반이 됐다. 내집을 마련하고자 노력하는 것이 바로 아파트 한 채를 장만하는 것이었다. 그러나 세월이 흐름과 함께 강산이 변하는 것과 같이 아파트문화도 변화고 있다. 주거문화가 호텔이나 공원과 같이 바뀌고 있는 것이다. 옥상에서는 가족과 함께 스파를 즐길 수 있고, 맨발로 잔디 위에서 산책도 가능하다. 집안의 모든 시스템을 조절하는 유비쿼터스의 혜택은 바로 영화에서 보던 것들이 현실로 나타난다. 이제는 웰빙에서 공동체의 지속가능한 삶을 뜻하는 로하스

(LOHAS, Life style of health and sustainability)가 아파트에서 볼 수 있는 모습이다. 옷장 앞에 서서 직접 옷을 고르지 않고 여러 벌을 코디해 보고, 집 밖에서 가스밸브를 잠글 수 있다. 외출해서 집에 오기 전에 외부에서 난방장치로 집을 덥히고, 거실 쇼파에 앉으면 조용한 음악을 들을 수 있다. 영화에서 보던 모습들이 네트워크 환경에 접속하는 유비쿼터스의 개념이 아파트에 도입된 것이다.

또 단지 전체가 이런 형태인 유비쿼터스 도시도 생기고 있다. 예를 들면, 경기도 동탄 신도시는 U도시계획에 따라 모든 지역에 광케이블이 깔려서 공공 정보센타가 도시를 관리한다. 주민들은 교통정보시스템을 통해 출근길 정체 여부와 소요시간 등을 안내 받을 수 있다. 이와 같이 주상복합의 주거문화 시대가 우리 앞에 펼쳐져 있다. IT의 발전과 함께 주거문화에서 사용되고 있는 목질패널제품의 종류도 다양하고 고급스럽게 사용되고 있다. 주방의 모습을 보면, 싱크대는 대표적으로 파티클보드에 미장종이패널을 표면에 도장하여 값이 저렴하지만, 부가가치가 높은 제품이다. 이런 싱크대는 마치 카페를 연상시키는 공간으로 연출되어 우리의 생활환경을 바꾸고 있는 모습이다. 또 그 전에는 장롱의 문화 속에 살고 있었지만, 최근에 결혼하여 혼수를 준비하는 젊은 부부들은 아마 붙박이장을 원할 것이다. 이처럼 우리의 주거환경이 변화되는 것과 같이 주거생활환경에서 목재를 사용하는 모습 또한 많이 변화고 있음을 쉽게 알 수 있다.

그림 5-11 | 주거생활환경

4.2 목질플라스틱패널의 이용

1990년대에 목재와 다른 물질 즉, 플라스틱을 혼합하여 가격도 저렴하고 성질도 좋은 복합재료패널인 목질플라스틱패널(Wood/natural fiber plastic composites, WPC) 제품이 시장에 나타나기 시작했다. 이런 제품이 개발돼서 나타나게 된 것은 다음과 같은 여러 가지 목적으로 수행되어 왔다. 1) 고가의 재료와 충전제와 증량제의 역할을 하는 저가격의 재료를 혼합함으로써 원료의 가격을 낮추기 위해서, 2) 재생자원을 이용할 수 있는 제품을 개발하기 위해서, 3) 그 제품자체가 재생산되게 하기 위해서, 4) 다른 성분물질들과 비교해서 우수하고 독특한 성질을 나타내는 복합재료의 생산을 위해서 수행되어 왔다.

한편, 어떤 플라스틱이 많이 생산되어 유통되고 있는가를 선진국인 미국의 생산량 통계를 통해서 알아보고, 어떤 종류의 플라스틱이 재활용에 많이 이용될 수 있을지 고려해 봅시다. 2008년 미국플라스틱위원회에 의하면 미국에서 포장용으로 사용하기 위해서 생산된 플라스틱은 151억(lb)이였다. 또 같은 해에 미국에서 포장용에 사용된 플라스틱의 종류별로는 저밀도 폴리에틸렌(low density polyethylene, LDPE)이 33% 사용됐으며, 고밀도 폴리에틸렌(high density polyethylene, HDPE)이 31% 사용됐고, polyethylene terephthalate(PET)가 15%, 폴리프로필렌(polypropylene, PP)이 12%, polyvinyl chloride(PVC)가 6%, 폴리스틸렌(polystyrene, PS)이 3%의 순으로 사용됐다. 이들 플라스틱 중에서 저밀도 폴리에틸렌과 고밀도 폴리에틸렌이 차지하는 비율은 각각 33%와 31%로서 합하면 무려 64%에 이르고 있다. 이렇게 많이 생산돼서 유통되고 있는 플라스틱을 재활용하기 위한 필요성으로 목질플라스틱패널제품이 새롭게 나타나게 됐다.

전통적인 목질패널제품인 합판, 파티클보드와 하드보드 등은 목재와 접착제로 구성되는 모습이고, 목질플라스틱제품은 목재 화이버, 파티클 등에 플라스틱을 혼합하는 것으로 새로운 제품을 탄생시켰다. 이 목질플라스틱패널의 용도는 데크(deck), 울타리, 마루판, 조경용 목재, 몰딩 등의 건축용 내 · 외장재에 사용하고 있고, 자동차의 문짝 등과 같은 자동차 내장재에도 사용한다. 일반적으로 저 · 고밀도 폴리에틸렌은 건축용 내 · 외장재에 사용되고 있으며, 폴리프로필렌은 자동차산업에서 사용되는 내장재에 많이 이용되고 있으며, PVC는 주택의 창문틀에 사용되고 있고, 그 이외에도 폴리스틸렌 및 acrylonitrile-butadiene-styrene(ABS)등도 재활용되어 사용이 가능하다. 일반적으로 목질플라스틱패널에 사용되고 있는 목재는 여러 크기의 파티클과 화이버의 형태로 사용되고, 목재 함유량은 대략 50%정도가 보통이지만, 그 이상 또는 그 미만으로 제조할 수도 있다.

그림 5-12 | 목질플라스틱패널의 모습

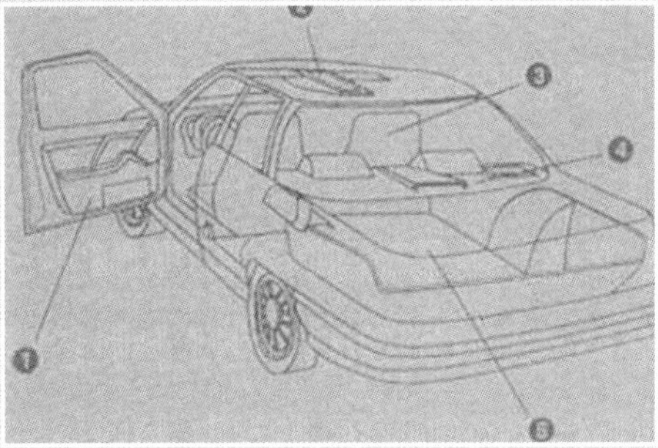

그림 5-13 | 자동차에서 목질플라스틱패널의 이용

자 유 토 론

1. 전통목가구는 어떻게 우리 생활주변에 폭넓게 이용될 수 있을지 생각해 봅시다.
2. 목재가구의 디자인에 대해 알아봅시다.
3. 우리의 주거생활환경에서 목질플라스틱패널의 이용에 대해 조사해 봅시다.
4. 목재가구에 사용되고 있는 주재료인 목재의 사용에 대해 알아봅시다.
5. IT의 발달과 함께 우리의 주거환경은 어떻게 바뀌고 있는지 알아봅시다.
6. 플라스틱은 우리생활주변에서 흔히 볼 수 있다. 어떤 종류들이 있는지 알아봅시다.
7. 한옥은 음식을 조리하고 생활하기에 불편한 구조를 지녔다. 한옥의 구조에 대해 토론해 봅시다.
8. 우리의 주거환경에서 사용되는 목질패널제품 등에 대해 조사해 봅시다.
9. 여러분이 집에 나무를 심는다면, 어떤 나무를 심을지 생각해 봅시다. 또 그 이유는무엇입니까?
10. 목재가구의 발달과정에 대해 토론해 봅시다.

| 참고문헌 |

1. 김희수, 김삼기. 2003., 민속유물의 이해 I. 목가구. 국립민속박물관. 서울. 626pp.
2. 김홍남. 2004. 한국의 전통공예, 나무와종이. 국립민속박물관. 서울. 335pp.
3. Blandford, P. W. Woodworking Joints: An Illustrated Handbook 2nd Edition. Tab Books. PA. 370pp.
4. Browning, B. L. 1977. Analysis of Paper. 2nd Edition. Marcel Dekker, Inc. 366pp.
5. Caulfield, D. F., Rowell, R. M. and Youngquist, J. A. 1995. Woodfiber-Plastic Composites: Virgin and Recycled Wood Fiber and Polymers for Composites. Proceeding No. 7293. Forest Products Society. 258pp.
6. Clark, E., Ekwall, J. A., Culbreth, C. T., and Willard, R. 1987. Furniture Manufacturing Equipment. North Carolina State University.
7. Cristoforo, R. J. De. 1991. The Drill Press Book. Tab Books. PA. 290pp.
8. Eckelman, C. A. 1979. Strength Design of Furniture. Tim Tech, Inc. 231pp.
9. Feirer, J. L. 1988. Cabinetmaking and Millwork. Fifth Edition. Glencoe Pub. Co. 992pp.
10. Freas, A. D., Moody, R. C. and Soltis, L. A. 1986. Wood: Engineering Design Concepts. Vol. 4. Pennsylvania State University. 606pp.
11. Joyce, E. 1987. Encyclopedia of Furniture Making. Sterling Pub. Co., New York. 519pp.
12. Kotas, T. 1958. A Design Manual for Cabinet Furniture. Pergamon Press, New York.
13. Prak, A. and Myers, T. 1981. Furniture Manufacturing Processes. North Carolina State University.
14. Rowell, R. M. and Sanadi, A. 1997. Fourth International Conference on Woodfiber-Plastic composites. Proceeding No. 7277. Forest Products Society. 324pp.
15. Rydholm, S. A. 1965. Pulping Processes. Wiley-Interscience, New York.
16. Shook, S. R. and Eastin, I. L. 2001. A characterization of the U.S. residential deck material market. Forest Products J. 51(4):28-36.
17. Smith, P. M. and Wolcott, M. P. 2006. Opportunities for wood/natural fiber-plastic composites in residential and industrial applications. Forest Products J. 56(3):4-11.
18. Willard, R. 1982. Furniture Construction. North Carolina State University. 330pp.
19. Wolcott, M. 1993. Wood-Fiber/Polymer Composites: Fundamental Concepts, Processes, and Material Options. Forest Products Society. 134pp.

06

나무의 이해

미래의 목재자원

1. 대체 에너지

1.1 대체 에너지의 개발배경

1950년대 이래로 세계 각국은 자국의 경제발전을 위해 값싼 화석연료에 의존해서 경제성장을 추구해 왔다. 그 동안 중동의 전쟁 등과 같은 여러 시련이 있었지만, 지금도 역시 원유 등 화석연료에 대한 의존도는 매우 높다. 화석연료를 사용하기 때문에, 에너지 소비 증가에 따른 탄산가스 배출량도 증가하고 있다. 세계 10위의 경제 대국으로 성장한 대한민국은 2000년 총 252억 달러의 원유를 수입하였다. 이는 미국, 일본, 중국, 독일, 러시아에 이어 세계 6위의 원유 소비국인 것이다. 에너지의 97%를 수입에 의존하면서 소비에 있어서 가장 높은 증가율을 보이고 있다.

1978년 미국에서 공익사업규제정책법을 제정해서 모든 사람이 일정조건을 충족시키면, 소규모의 발전소를 운영할 수 있도록 하였다. 이 법으로 인해 캘리포니아주의 풍력발전기가 설치되어 전력을 생산하여 공급하고 있다. 또 캘리포니아주의 새크라멘트시에 원자력발전소 대신 태양열발전소를 설치하게 되었다. 이런 변화는 미국 전역으로 확대되어 풍력과 태양열을 이용한 소규모 발전소가 증가되었다. 2006년 1월 31일 미국 조지 부시 대통령은 국정연설에서 첨단에너지계획(Advanced Energy Initiative)을 발표했다. 이 계획의 핵심은 2025년까지 중동에서 수입하는 원유를 75%까지 줄이고, 대체에너지를 개발하겠다는 것이다. 이를 위해 부시 행정부는 원자력발전소 건설과 함께 에탄올, 수소전기차, 전기차 등에 대한 연구개발비를 늘릴 계획이다. 이와 관련해서 "2012년까지 에탄올 생산 기술이 실용화 단계에 이를 것"이라고 기대했다. 참고로 현재 미국에서는 옥수수를 수확하고, 남은 줄기 등으로 에탄올과 플라스틱 원료를 대량 생산하고 있는데, 미국 중북부의 내륙평야 지대의 풍부한 옥수수를 이용해서 원유를 대체하고 있다.

유럽 국가 중에서 작은 나라인 덴마크를 보면 인구가 500만 명인데, 1973년 중동의 오일쇼크가 있던 때에 덴마크의 원유의 존율은 90%였다. 덴마크는 에너지 자급률을 원자력발전을 통해 높이려고 했다. 그러나 미국, 러시아 등 다른 나라의 원자력 발전소의 사고를 계기로 1985년 덴마크는 정책방향을 수정하게 되었다. 따라서 에너지 자급률을 높이는데 화석연료에 대한 의존도를 낮추는 것으로 계획을 변경하였다. 이런 변경 안을 달성하기 위해서 대체 에너지 등 다양한 에너지원의 개발과 자국의 유전개발 등에 노력하여 1990년 에너지자급률을 50%이상으로 높아지게 되었다. 덴마크는 재생 가능한 에너지를 높은 가격에 판매할 수 있도록 함으로써 2000년에는 6천여 개의 풍력발전기와 기타 태양열발전이 실시되어서 에너지 자급은 물론 전력을 수출하고 있고, 화석연료의 소비증가율은 매년 감소시키고 있다.

스웨덴의 경우에는 수력이 풍부해서 수력발전을 통해서 전력요금이 저렴하다. 또 대체 에너지로 얻어진 바이오연료 등을 자동차 연료로 사용하고 있다. 그 결과 스웨덴은 2006년 2월 7일 '탈석유화'를 선언하였다. 스웨덴의 지속발전부에서는 향후, 15년 내에 세계 최초로 석유 없이 에너지를 자급자족하는 나라가 되겠다고 선언했다. 또 2020년까지 석유로부터 완전히 독립하는 것이 목표라고 발표했다. 스웨덴의 경우 1970년대 중동의 원유파동을 겪으면서 석유의존도를 꾸준히 낮춰왔다. 석유의존도는 1970년의 77%에서 2003년 32%로 상당히 감소된 수치를 보여준다. 2006년 석유 외에 원자력과 석탄, 천연가스가 각각 전체 에너지의 3분의1을 차지하고 있다. 또 스웨덴은 지난 30년 동안 풍력, 태양열 등 재생 가능한 에너지 개발에 국가적인 모든 노력을 다해 왔다. 그 결과 전체 에너지 소비 중 25%가 재생 가능한 에너지에서 생산되고 있다. 이런 수치는 EU의 평균수치인 6%보다 4배 이상 높은 수준이다. 산업체도 대체 에너지 개발에 적극적이다. 대표적인 스웨덴의 자동차 회사인 사브와 볼보 등 자동차제조회사도 정부의 지원으로 에탄올과 바이오연료로 운행하는 승용차를 연구 개발 중이다.

동북아시아지역에서 중국은 이미 풍력발전설비를 갖추고 있으며, 일본 또한 풍력발전에 많은 투자를 하여 2010년까지 2005년의 중국과 같은 수치를 유지한다는 계획이다. 한국은 1980년대 말부터 풍력발전설비를 위해서 지속적인 투자를 실시함으로써 1995년 월령풍력발전시범단지가 설립되었고, 1998년 행원풍력발전시범단지를 설립하였다. 또 강원도의 대관령과 경상도의 포항 등지에 시범적으로 가동하여 전력을 공급하고 있다.

한편, 브라질은 사탕수수를 수확하고 남은 줄기 등으로부터 에탄올을 생산하고 있는데, 2010년까지 에탄올 생산 비율을 80%까지 증대시킬 계획이다. 세계 각국이 탈석유화를 추진하는 가장 큰 이유는 역시 고유가로 인한 경제성장의 불안 요인과 러시아, 베네수엘라 등 석유자원을 무기로 삼는 국가들이 늘어나기 때문이다.

그림 6-1 | 미국 캘리포니아 풍력발전기

1.2 목재와 연료

앞서 설명한 것과 같이 목재는 에너지 등에 지속 가능하게 사용할 수 있다. 이렇게 에너지로 사용되는 목재는 숲을 가꾸는 과정에서 발생되는 간벌 소경재, 가공과정에서 발생되는 버려지는 나무, 벌레 또는 한파 등으로 인해 죽어서 제거되는 나무 등이 사용될 수 있다. 자연에서 나무는 매년 일정량 성장하고 있고, 이렇게 매년 성장한 바이오 매스는 지속 가능한 에너지원으로 공급될 수 있다.

일정한 산림에서 매년 지속적으로 생산되는 나무를 연료로 사용한다면, 연소과정에서 배출되는 이산화탄소를 나무가 생장하는 과정에서 광합성을 통해서 다시 흡수함으로써 대기 중에 이산화탄소 등의 온실가스를 증가시키지 않고, 이산화탄소를 흡수, 순환시킴으로써 에너지를 얻을 수 있는 지속 가능한 친환경 바이오에너지로 사용할 수 있다.

1.3 대체 에너지자원

친환경 대체에너지는 석유나 석탄 등 이산화탄소를 배출하는 기존의 화석연료를 대체하는 다양한 에너지를 말한다. 새로운 기술로 개발한 신에너지와 계속 공급이 가능한 재생 에너지를 포함한다. 주요 대체 에너지는 바이오에너지, 연료전지, 수소에너지, 태양열, 풍력, 지열, 폐기물에너지, 수력, 해양에너지 등이 있다. 수력에는 작은 수력이라고 해서 소규모 하천의

물을 인공적으로 유도해 낙차를 일으켜 발전하는 에너지이다. 대체 에너지 중에서 바이오에너지와 폐기물에너지, 풍력, 태양열 등은 이미 상당부분 상용화되고 있다. 바이오에너지는 식물성, 동물성 기름으로 만들어지는데, 브라질과 독일 등 유럽에서 그 예를 볼 수 있다. 특히, 브라질에서는 사탕수수로 에탄올과 휘발유를 겸용할 수 있는 플렉스 자동차 판매가 2006년 1월 전체 자동차 판매량의 73%에 달한다.

그림 6-2 | 대체자원인 사탕수수와 옥수수

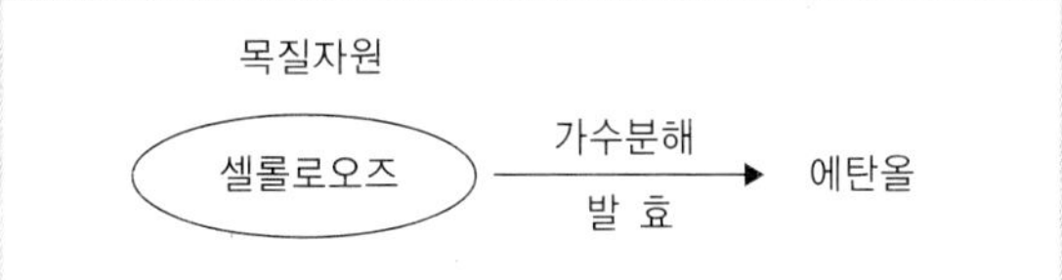

그림 6-3 | 목질자원으로부터 에탄올생산

2. 천연도료

목조주택 및 주거공간에 목재를 내장재로 사용하는 추세가 증대됨에 따라서 주거환경을 고려하여 전체의 색과 조명 등의 조화가 필요하다. 목재의 채색조명 등 색의 조합수법이 컴퓨터의 도입에 의하여 시스템화 되고, 적절한 목재의 염색기술은 한층 발달되어 중요시되고 있는 것이다. 우리나라에서는 목조 건축물의 나무에 칠을 하여 왔는데, 이 방법은 일종의 목재표면 염색방법이다. 이는 건축물의 미관과 목재보존을 고려한 것이었다. 칠의 종류에는 3종류가 있는데, 첫째는 물에 안료를 풀어서 사용하는 수성도료, 둘째는 안료를 기름 종류와 배합하여 사용하는 유성도료, 그리고 셋째로는 안료를 나무의 수액과 배합하여 사용하는 수지성도료 등이다. 본 절에서는 우리나라의 자랑거리인 옻나무와 황칠나무에서 얻어지는 옻칠과 황칠이 21세기 친환경산업으로서의 중요성에 대해 알아봅시다.

2.1 옻나무

2.1.1 옻나무의 성분 | 옻나무속(Rhus)에는 한국, 중국, 일본 등에 6종류가 분포하는데, 이들 6종류 중에서 옻칠이 생산되는 것은 옻나무(*Rhus verniciflua* Stokes)인데, 이들 국가에서 생산되는 옻칠 중에서 한국산이 최고 품질의 옻칠을 생산하고 있다. 이렇게 국내산이 외국산보다 품질이 좋은 이유는 옻의 주요 성분인 우루시올(urushiol)의 구조 비율이 높고, 효소(laccase)의 활성이 매우 좋아서 옻칠 도막의 건조시간이 매우 짧고, 칠의 경도가 강한 것이 장점이다.

옻의 주요 성분은 우루시올이라고 하는 페놀성의 물질이 60~80%가량 함유하고 있으며, 그 외에 수분 10~30%, 고무질 7~20% 및 함질소물 2~3%를 함유하고 있다. 옻칠은 채취 당시에 회백색의 액채로서 주성분인 우루시올은 산화효소제인 락카제의 작용으로 인해서 공기와 접촉하여 흑색으로 변한다.

옻나무는 식재한 후 7~8년부터 칠을 얻을 수 있는데, 옻칠은 현재 생산량이 수요량에 미급한 실정에 있고, 또한 수요가 증가되고 있어 옻나무 재배는 전망이 밝다. 옻은 친환경적이고, 우수하고, 실용성 있는 도료이다.

2.1.2 옻칠의 역사 | 우리나라에서 옻칠을 사용한 역사는 신라시대부터인데, 가구, 미술 및 공예품 등의 각종 도료로 사용하였다. 또 옻나무 재배를 이때부터 시작하였으며, 그 후, 우리나라 전역에 걸쳐서 식재 되었으나, 조선시대에 이르러 난벌

한 결과 그 수가 현저히 감소되었다.

우리나라는 옻나무 생육이 적합하여 1933년과 1936의 조사에 의하면 전국에 약 348만 본이 분포하고 있으며, 그 당시 특산지로서는 평북 태천, 함남 신흥, 강원 원주, 충북 옥천 그리고 경남 함양 등을 들 수 있었고, 지금은 원주, 함양, 옥천등지에서 집단재배 되고 있다.

옻칠이 우리 전통유물의 하나가 될 수 있었던 것은 옻칠의 색채와 내구성이 변하지 않고, 탁월하다는 것이다. 그 예로 백제 무영왕릉목관은 금송의 목재로 되어 있는데 무영왕시대인 서기 523년경에 만들어진 목관은 지금까지 썩지 않고 있는 것은 그 당시 목관에 옻칠을 하였기 때문이다.

2.1.3 옻칠의 용도 | 옻칠은 전통유산인 나전칠기에서 사용된다. 나전칠기의 특성은 다양한 문양과 크기의 대소를 적절히 조화시키면서 소박한 아름다움을 부각시킨 것으로 더 이상의 설명이 필요 없고 우리가 세계에 내놓을 수 있는 유산이다.

옻칠은 각종 기계기구, 직물 및 코일의 피복용, 또 각종 도료로 사용되고 있으며, 고온에서 경화된 옻칠의 용도로서는 전기부품, 광학 및 정밀기계 등에 사용되고, 기타 방습, 방부를 목적으로 사용된다. 경화된 옻칠은 산화되어 흑색을 띠고 내약품성이 강해서 오랜 기간 사용할 수 있는 대단히 우수한 성질을 가지고 있다. 또 옻칠은 한방약제로 사용되고 있다.

그림 6-4 | 옻칠

그림 6-5 | 옻나무

2.2 황칠나무

2.2.1 황칠나무의 분포 | 황금색 도료인 황칠을 생산하는 나무는 두릅나무과의 상록교목으로 남부해안지방에 분포하고, 학명은 *Dendropanax morbifera* Leveille 이다. 황칠나무는 상철나무, 황철나무로도 부르는데 이 나무에서 수액을 채취하여 정제하면, 우리 고유의 칠인 황칠이 얻어진다. 이 나무가 황칠나무가 된 것은 채취된 칠이 황색을 띤다 하여 붙여진 이름이다.

황칠은 황금색의 광택이 뛰어나고 아름다워 옻칠과 함께 발전해 온 칠로 사용범위가 매우 넓어서 목재 이외에도 금속, 옷감, 가죽 등에 사용된다. 황칠나무는 겨울철에도 낙엽이 지지 않는 상록교목으로, 큰 것은 높이 15m, 지름이 80㎝에 달한다. 옻나무와는 분포지역이 구분된다.

황칠나무는 아열대성 식물로 제주도, 완도, 보길도, 어청도 및 해남과 경남일부지방에 자생하고 있다. 잎의 모양이 아름다워 관상수로도 이용되며 해발 700m까지 분포한다. 일본에서는 이 나무가 분포하지 않으며, 중국에 있는 것은 우리의 것에 비하여 황칠의 질이 매우 낮다.

2.2.2 황칠의 역사 | 황칠의 역사적 사용은 계림지에 의하면 "고려의 황칠은 섬에서 나는데 유월에 채취하며 색깔은 금빛으로 햇볕에 말린다. 원래는 백제에서 나는데 지금의 절강성 사람들은 신라 칠이라고 부르고 있다". 라고 기록된 것으로 봐서 신라에서도 황칠이 사용됐다는 것을 알 수 있다.

삼국사기 백제본기 무왕조에 "당나라에 보내는 사절단에 황금빛을 내는 갑옷을 바쳤다". 라는 기록이 있고, 고구려 본기 보장왕조에는 "백제가 황칠한 갑옷을 바쳐 왔으며, 칠로 무늬를 장식한 갑옷을 병사에게 입혔더니 갑옷의 광채가 하늘에 빛났다". 라고 전한다. 또 "당나라 군사가 백암성을 함락하고 말, 소, 황칠갑옷을 노획해 갔다". 라고 기록하고 있다.

백제가 황칠을 당나라와 고구려에 받쳤음은 이 지역에서 황칠이 생산됐다는 것이다. 완도를 중심으로 생산된 황칠은 중국에 조공으로 받쳐졌다. 또한 책부원귀에는 “당나라 태종정관 19년에 백제에 사신을 파견하여 금칠을 채취하였으며 이것으로 산문갑에 칠하였다”. 라고 기록됐다. 여기에서 산문갑은 먹검나무 무늬 목으로 문짝과 면판을 장식한 문갑이다. 또 선화봉사 고려도경 잡속토산조에 “나주도에서는 나는 백부자와 황칠은 모두 토공이다”. 라고 한 것으로 미루어 고려시대에도 세금을 황칠로 낸 사실을 알 수 있다.

조선시대 말기 기록된 임원십육지에 의하면 조선시대에도 황칠이 가구와 종이에도 사용된 것을 알 수 있다. 이렇게 널리 사용되던 천연도료 황칠이 세계시장에서 많이 사용되길 기대한다.

2.2.3 황칠의 성분 | 황칠은 정유 성분으로 주성분은 2중결합이 2개 있는 쌍환성 세스퀴테르펜(sesquiterpene)과 알콜, 에테르 등을 함유하고 있다. 황칠의 점도는 110cP이며, 사용할 수 있는 저장성이 매우 높다. 세스퀴테르펜은 담황색의 진한 유상액체로 상쾌한 향기를 지니며 쓴맛을 가지고 있다. 황칠은 안식향이라는 독특한 향기를 가지고 있는데, 이것은 사람의 신경을 안정시키는 성분이다. 황칠의 도장초기에는 상쾌한 테르펜향을 내지만, 시간이 경과 할수록 방향성 물질이 감소되어 향기는 줄어든다.

2.2.4 황칠의 특성 I 도료로서 황칠의 우수성은 다음과 같다.

1) 아름다운 색상을 가지고 있고, 재료의 질감을 전혀 손상시키지 않고, 드러 내 준다는 것이다. 밝은 황색에서 투명한 밤색까지 다양한 색상을 나타내고 고광택이다.
2) 도료로 용도가 광범위하다. 예를 들면, 나무를 비롯하여 가죽, 종이, 옷, 금속 등 다양한 재료에 적절하게 사용할 수 있다. 금속류 중에는 은에 적합하다.
3) 황칠은 자외선에 강하다. 세계적으로 식물성 천연도료 중에서 자외선에 강한 도료는 황칠 한가지뿐이다.
4) 안식향이라는 독특한 향을 함유하고 있어 황칠을 도료로 사용 했을 경우, 그 향이 방출돼서 기분이 상쾌해지고, 도장 후 약 1~2년간 지속된다.

이상과 같이 옻칠과 황칠의 용도가 목재 외에도 금속 등에 다양하게 사용되고 있는 것을 알고 있다. 21세기 미래자원으로 또 친환경 재생산 가능한 자원인 옻칠과 황칠의 우수성이 지금도 잘 알려져서 사용되고 있지만, 좀 더 부가가치 있는 생산품으로 세계 속에 더욱 빛나게 되길 기대해 봅니다.

그림 6-6
소양강 목재데크의 모습

자 유 토 론

1. 미래의 대체에너지에는 어느 것이 있는지 조사해 봅시다.
2. 우리가 개발해야 되는 미래에너지는 어느 것이 좋은지 알아봅시다.
3. 세계 각국의 대체에너지 개발 현황에 대해 각자의 느낀 점을 토론해 봅시다.
4. 목질자원이 대체에너지로 중요성을 조사해 봅시다.
5. 천연도료 중에서 국내에서 생산되는 것에는 어느 것이 있는지 조사해 봅시다.
6. 생활주변에서 목재데크는 일반 보도블록과 비교해서 어떤 차이가 있는지 조사해 봅시다.

| 참고문헌 |

1. Bain, R. L. and Overend, R. P. 2002. Biomass for heat and power. Forest Products J. 52(2):12-19.
2. Bergman, R. D. 2004. Biomass for heat and power. Techline. WOE-2. April. USDA Forest Serv., Forest Prod. Lab., Madison, WI 2pp.
3. Chum, H. L. 1991. Polymers from Biobased Materials. Noyes Data Corp. 169pp.
4. Koning, J. W. and Skog, K. E. 1987. Use of wood energy in the United States: an opportunity. Biomass 12:27-36.
5. Rostrup-Nielsen, J. R. 2005. Making fuels from biomass. Science 308(5727):1421-1422.
6. Wayman, M. and Parekh, S. R. 1990. Biotechnology of Biomass Conversion. Prentice-Hall, NJ.
7. Zerbe, J. I. 1988. Biofuels: Production and potential. Forum for Applied Research and Public Policy, Tennessee Valley Authority, Knoxville, TN. pp. 38-47.
8. Zerbe, J. I. 2006. Thermal energy, electricity, and transportation fuels from wood. Forest Products J. 56(1):6-14.

용어 정의

건 조	접착을 위해 적절한 수준으로 함수율을 감소시키는 것.
건조기	과도한 수분을 건조시키기 위해 통과시키는 건조기계 또는 건조실.
경 화	보통 열과 촉매의 작용으로 화학반응에 의해 접착제의 강도가 증대되는 과정.
경화시간	온도와 압력의 조건에서 접착제가 경화되는데 필요한 시간.
경화제	경화반응을 촉진시키기 위해 접착제에 첨가되는 물질.
나무결	나무 판재에서 화이버가 배열된 방향 및 모습.
내장용	건물 내부에서만 사용할 때, 적절한 접착력을 유지 할 수 있는 상태.
냉압력	열을 가하지 않고 압력을 가하는 접착공정.
노블락	산성영역에서 합성하여 얻어진 페놀수지접착제.
데 크	마루나 지붕을 설치할 때 사용하는 판재.
도 관	활엽수의 횡단면에서 볼 수 있는 직경이 가장 큰 세포로서 수분의 이동을 담당.
도 포	단판과 같이 일정한 면적에 접착제를 가하는 량.
lathe	단판을 돌리면서 절삭하는 기계로서 주로 침엽수 단판 절삭에 사용.
레 솔	알칼리 영역에서 합성하여 얻어진 페놀수지접착제로서 목재접착제로 사용.
롤러코터	단판에 접착제를 도포하는 기계.
리그닌	세포벽을 시멘트처럼 둘러쌓는 목재의 주성분.
목 재	나무의 중심인 수와 수피 안쪽 부분인 형성층 사이의 모든 나무의 뿌리, 가지, 줄기의 조직.
목 질	수분이 없고, 목재로 구성된 부분
목질패널	목재, 다른 식물성 화이버에 접착제로 재구성된 보드.
밀 도	단위체적당 무게로서 일반적으로 kg/㎥으로 표시한다.
변 재	나무에서 수피 안쪽 주변의 밝은 색을 띤 부분으로 살아있는 세포로 구성.

보 드	두께가 1인치 (2.54cm) 미만인 판재.
세 포	목재 화이버에서 세포벽과 세포내강을 가진 목재구조의 미세 단위.
셀룰로오스	목재의 주요 구성 성분이고, 목재 세포의 구조를 형성하는 탄수화물.
심 재	수를 중심으로 추출물의 침적으로 색깔이 어둡고 죽은 세포로 구성된 부분.
수 관	나무의 가지와 잎으로 구성된 부분.
수 간	나무의 줄기 부분.
수축율	목재의 함수율이 감소함에 따라서 치수의 감소율.
수 피	내수피와 외수피를 포함하여 형성층 밖 나무의 층.
연 륜	춘재와 추재를 포함하는 1년 동안 성장한 나무에서 볼 수 있는 나무의 성장 층.
열가소성	열에 의해 반복적으로 부드러워지고 냉각에 의해 굳어진다.
열경화성	열에 의해 부드러워져서 냉각되면 굳어져 다시 열이 가해져도 부드러워 지지 않는다.
열압력기	전기 등에 의해 열판에 열이 가해져서 온도가 높은 열압기.
OSB	스트랜드를 3층으로 합판과 유사하게 90도로 교차시켜 배열해서 얻어진 패널.
요소수지접착제	요소와 포름알데히드로 합성하여 얻어진 접착제.
외장용	수분이 흡수되고 건조를 반복해도 접착제 층이 파괴되지 않고 지속될 수 있는 상태.
이방성	방향에 따라서 얻어진 목재의 성질이 다른 것.
접착제	점착에 의해 물질을 함께 유지 할 수 있는 물질.
접합부	2개의 부분이 접착제에 의해 함께 유지시키는 기능을 하는 것.
집성재	여러 목재 판재에 접착제를 도포시켜서 층을 쌓아 큰 목재로 만든 것.
증량제	단위 면적당 요구되는 접착제의 감소를 위해 접착제에 첨가되어 접착력을 지닌 물질이다.

촉매제	소량 첨가했을 때, 접착제 경화를 현저히 촉진시키는 물질.
추 재	1년 동안 성장한 연륜에서 늦게 형성된 밀하고 작은 세포로 구성된 부분.
추출물	세포 구성 성분이 아닌 목재의 성분으로 물 또는 중성용제에 용해되는 물질.
춘 재	나무가 1년 동안 성장할 때, 초기에 형성된 연륜부분.
충전제	접착제에 첨가되어 점도, 강도 성능을 증대시키는 상대적으로 비접착성 물질.
침엽수	보통 상록이면서, 바늘처럼 곧은 잎을 지닌 나무.
퇴적시간	단판에 접착제가 도포된 후, 열압공정이 시작되기 전까지 걸리는 시간.
파티클보드	보통 파티클처럼 작은 크기의 목재에 접착제를 혼합하여 열과 압력에서 얻어진 패널.
페놀수지접착제	합판제조에 사용하는 접착제로서 페놀과 포름알데히드를 사용하여 알칼리 영역에서 합성.
함수율	목재에 함유된 수분의 량으로 보통 전건목재 중량에 대해 퍼센트로 나타낸다.
합 판	3, 5등 홀수 층의 단판이 인접된 층에 대해 무늬 결을 90도로 교차되게 하여 얻어진 패널.
헤미셀룰로오스	셀룰로오스와 유사하게 목재를 구성하는 주성분.
형성층	목재와 수피 사이의 조직으로 세포가 분화되는 곳.
활엽수	보통 잎이 넓고, 낙엽이지는 수종.
흡수율	액체 또는 수증기를 흡수하는 고체의 능력, 또는 액체나 수증기를 흡수하는 속도.
횡단면	나무를 절단했을 때, 축 방향에 대해 수직으로 얻어지는 면.

부 록

표 1. 기본적인 SI 단위

종류	단위	부호
length	meter	m
mass	kilogram	kg
time	second	s
temperature	kelvin	K
amount of substance	mole	mol
luminous intensity	candela	cd

The International System of Units. (SI)

표 2. 산업에서 많이 사용되는 SI단위

종류	단위	SI부호	부호
area	square meter	--	m^2
density	kilogram per cubic meter	--	kg/m^3
energy	joule	J	Nm
force	newton	N	kgm/s^2
frequency	hertz	Hz	(cycles)/s
power	watt	W	J/s
pressure	pascal	Pa	N/m^2
quantity of heat	joule	J	Nm
stress	pascal	Pa	N/m^2
voltage	volt	V	W/a
volume	cubic meter	--	m^3

표 2. Multiples and submultiples of base units (example: meter)

Multiplication factor	Prefix	Symbol	Multiplication factor	Quantity	Symbol
10^{12}	tera	T	10^{12}meters	terameter	Tm
10^{9}	giga	G	10^{9}meters	gigameter	Gm
10^{6}	mega	M	10^{6}meters	megameter	Mm
10^{3}	kilo	k	10^{3}meters	kilometer	km
10^{2}	hecto	h	10^{2}meters	hectometer	hm
10^{1}	deka	da	10^{1}meters	dekameter	dam
10^{0}			10^{0}meters	meter	m
10^{-1}	deci	d	10^{-1}meters	decimeter	dm
10^{-2}	centi	c	10^{-2}meters	centimeter	cm
10^{-3}	milli	m	10^{-3}meters	millimeter	mm
10^{-6}	micro	μ	10^{-6}meters	micrometer	μm
10^{-9}	nano	n	10^{-9}meters	nanometer	nm
10^{-12}	pico	p	10^{-12}meters	picometer	pm
10^{-15}	femto	f	10^{-15}meters	femtometer	fm
10^{-18}	atto	a	10^{-18}meters	attometer	am

표 4. 측정단위 환산표

Length	1 in. = 25.4mm 1 ft. = 0.305m
Area	1 acre = 0.4046 hectare = 4046 m^2
Volume	liquids 1 gal. = 3.785L 1 $ft.^3$ = 28.32L wood panel products 1,000 $ft.^2$(3/8-in. basis) = 0.885m^3 1,000 $ft.^2$(3/4-in. basis) = 1.770m^3
Mass	1 lb. = 0.4536 kg 1 (short) ton = 2,000lb. = 1.1023 metric tons
Force	1 $lb._f$ = 4.448N = 0.4536kg_f
Density	10 lb./$ft.^3$ =160.2kg/m^3
Pressure, stress, modulus	1,000psi = 68.0atm = 6.895 MPa (or MN/m^3) = 70.31kgf/cm^2
Vacuum	1 mm Hg (or torr) = 133.3 Pa
Adhesive spread rate	1lb./MSGL (thousand square feet of single glue line) = 4.883g/m^2
Viscosity	1 cP (or cp) = 1 mPa · s
Energy or work	1 Btu = 1055J = 252.0 cal

English units, SI units, metric units 순으로 배열.

찾아보기

차

카

타

파

하